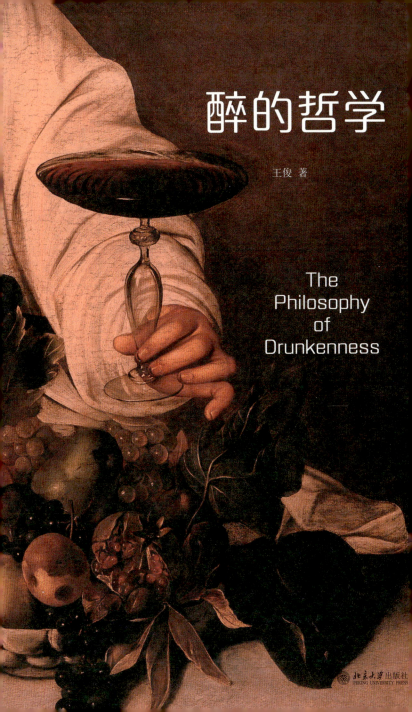

醉的哲学

王俊 著

The
Philosophy
of
Drunkenness

目录

一
引子：醉酒的意义

二
中国传统中的醉酒

1. 酒与礼 　　　　　　　　　　019
2. 酒与诗 　　　　　　　　　　029
3. 醉酒与人生 　　　　　　　　039

三
西方观念史中的醉酒

1. 古希腊的酒神与神秘主义传统 　　054

2. 尼采的酒神 081
3. 马克思、恩格斯与酒 114

四
醉酒、心灵与世界

1. 对醉酒意识的现象学分析 130
2. 作为神秘经验的醉酒意识 146
3. 对饮酒的存在论分析 152
4. 醉酒的伦理意义 162
5. 陶醉与美学 173

五
当代生活中的醉酒

1. 醉酒与现代性生存焦虑 187
2. 醉酒、时间与生活艺术 202

后 记 215

我们通过对醉酒经验和醉酒状态的描述和分析,来通达酒和人的存在,最终映射出当代境遇下人的存在、人和世界的共在。

一
引子:醉酒的意义

一、引子：醉酒的意义

酒是人类历史上最普遍、最重要也最易得的精神活性物质（Psychoactive substances），除了北极圈居民和北美的印第安人之外，地球上所有地方、所有文化传统下的人们长年来都习惯于饮用不同的酒精饮料，比如玉米或大麦酿造的饮料、发酵奶、椰子酒、蜂蜜酒等。在中国的元代，开始有了关于蒸馏烧酒的制法记载，在欧洲则到15世纪晚期，蒸馏技术才开始广泛地运用于酒类的生产，蒸馏制酒让人类得到了烈性酒。烈性酒无疑是更加强烈的精神活性物质，它的广泛流行在很多方面改变了人们的饮酒方式、生活方式、醉酒的体验，酒在人类社会和历史中的意义也被改写。

在本书中，我们要谈的重点不是酒这种物质本身，而是主观维度的醉酒意识与主体经验，进而描述酒与人的关系，酒的精神品性，以及对于

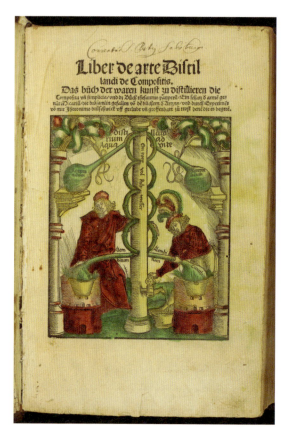

图 1 希罗尼穆斯·布伦施维格（Hieronymus Brunschwig），《论从复合物中进行蒸馏的艺术》（*liber de arte distillandi de compositis*）（斯特拉斯堡 1512 版）书籍插图，科学史研究所，费城

图画中，机器上方的三行拉丁铭文"Distillatorium ad Aqua vite"意为"生命之水蒸馏器"，生命之水 aqua vite，即 aqua vitae，是拉丁文中对蒸馏酒的称呼，后成为波兰产伏特加专门的称呼。

一、引子：醉酒的意义

醉酒事件之意义的分析。醉酒状态首先是主体经验，是酒这种物质作用于人的精神世界的后果或精神状态的变化，是通过醉酒实现的主体的精神释放和心灵平衡。就好比海德格尔通过此在（人的存在）通达存在问题，我们通过对醉酒经验和醉酒状态的描述和分析来通达酒和人的存在，最终映射出当代境遇下人的存在、人和世界的共在。

醉酒作为一个与此在密切相关的整体性事件，在哲学或者现象学的层面加以描述时，并非将之作为一个外在的客观现象，而是第一手的主体经验，并非是理论性的，而是实践性的。威廉·詹姆士曾经援引波斯哲学家和神学家阿伽查黎（Al-Ghazzali）的话，说明在苏菲派的学问中实践比理论重要，其中就举了醉酒的例子：

> 知道醉酒是什么——由胃部出来的酒气引发的状态——与实际喝醉之间，有多大的不同啊。无疑，醉鬼既不知道醉的定义，也不知道科学对醉发生兴趣的原因。醉鬼醉了，所以毫无所知；医师尽管没醉，却清楚地知道醉是怎么回事，知道使人醉的条件是什

么……因此,尽管我已经学习了有关苏菲派的教义,但是剩下的学习,既不能通过研读,也不能通过耳朵,只能让人亲自进入出神状态,亲自过一种虔诚的生活。①

詹姆士无疑赞同阿伽查黎的观点,认为在苏菲派这样的学问中,实践始终先于理论,个体主观维度的经验优先于客观的理论描述。这也是《醉的哲学》的书写动机之一:在这里我们不是用自然科学的方式谈论酒与醉酒,而是试图用一种整体性的描述来尽力呈现醉酒的经验,将之视为一种整全性的意义事件和主观的实践过程。

实践的过程就是意义展开的过程,我们始终生活在意义世界、而非物质世界里。一切的物理对象,都是我们赋予它意义之后,才与我们发生关系。如果说实践就是意义的建构,而理论则是对完成了的意义系统的表达,那么以醉酒经验观之,人生也是如此,首先是实践的,而非理论的。现象学就是研究和描述意义关系、意义构成之过程的哲学。意义世界几乎是我们生活的全

---

① 威廉·詹姆士:《宗教经验种种》,尚新建译,商务印书馆,2017年,第398页。

一、引子：醉酒的意义

部，对我们来说，世间万物、包括世界本身，都是意义的构建物。胡塞尔说存在就是"在关系中的设定状态"，海德格尔说人是"在世之在"，人一出生就落入了关系之网中，死亡则是"无所关联的"可能性。他们所言的这些人与世界、人与事物、事物与事物之间的关系，就是意义。当我以"醉酒的意义"作为这篇引子的题目时，要谈的是酒与人、酒与自然、人与人、人与自然、人与世界的普遍关系，当然首要的是酒与人的关系，醉酒则是酒与人的关系中最典型的一种状况。在醉酒时，人的意识状态和处世方式相较于清醒时发生了颠覆性的变化，从而产生出丰富的意义。这些意义的缠绕构成了组成世界的众多"事件"，醉酒的意义就是在这些事件中、在缠绕的关系中凸显。并不是先有原子式的主体（人）和客体（酒），二者再建构起关系，而是所谓的人的存在和酒的存在都是在错综复杂的世界的意义关联中形成的，意义事件才是组成世界的基本单位。在这里我们可以引用美国女诗人穆里尔·鲁凯泽（Muriel Rukeyser）的话来说明世界的意义构成："宇宙是由故事构成，而非原子"。

具体而言，作为人类意识现象或意识状态中

的一种,醉酒有其特殊之处。一方面,醉酒的意识状态不是完全由主体引发的,而是借助于酒这种精神活性物质的摄入而形成的,而酒又是基于自然的人工合成物,因此醉酒状态就有了丰富的思想内涵:它不是完全主观的,而是体现了人与世界的沟通,它也不是稳定普遍的意识结构下的现象,而是个体化、特殊化、境遇化的,它不是纯粹的技术产品,而是负载了丰富的在地化文化含义,如此等等。另一方面,尽管醉酒经验往往

图2 米开朗基罗,《诺亚醉酒》,湿壁画,1509年,170 cm×260 cm,西斯廷礼拜堂天顶画,梵蒂冈

一、引子：醉酒的意义

是个体化的、境遇化的，但与其他精神活性物质比如鸦片、笑气等相比，酒精类饮品在人类日常生活中更为常见而且极易获得，因此醉酒成为古往今来极为常见的意识现象。醉酒的消极性面相人所共知且具有相当的普遍性，比如醉酒引起个体极大的不适感，呕吐、头痛、意识模糊，并且时常引发按日常眼光看属于否定性的行为，比如酒后作乱、酒后乱性等。但同时，酒作为人类历史上长久存在的精神活性物质，饮酒乃至醉酒可以令人产生比日常生活中更为丰富的经验，尤其是在日常生活里不敢尝试的极端经验和行为，可以使人隐藏的性情充分展现、激发想像力和生命活力，因此由醉酒而引发的创造性和积极性的面相长久以来也为人所称道。作为醉酒经验之象征的酒神传说，也是思想史上一个恒久的话题。

在西方语言中，拉丁文 Spiritus，有气息、呼吸、生命、精神、灵魂的含义，同时也有乙醇、烈酒、酒精、烧酒的意思，英文 Spirit 的意义与此类似。因此酒、酒精在字面含义上就与精神性密切相关。首先，酒不是单纯的液体饮料，而是精神活性物质，它能够激发超出日常的精神状态；其次，酒的意象与酒神相关，在古代西方的神话中,酒神代表了生命力、创造性、精神性;最后,酒由粮食酿造,粮食来自于自然,加入了人工的制作,包含了生命、呼吸、气息的意味。

而在汉字中,"醉"是个会意字,从酉从卒,"酉"即"酒","卒"表示"极点""极端",因此"醉"的本意就是酒喝到极端,失去正常神智的状态。由"醉"所指的"饮酒过量,神志不清"的本意,又引申出沉迷、过分爱好、醉心、沉醉、陶醉的意思,比如很满意地沉浸在某种境界或思想活动中,沉浸意味着敞开自身、全身心的投入。因此,醉酒可以区分出不同的层次:首先是摄入酒精过度的生理层次,其次是酒后意志不清的意识层次,再次是敞开自身的主体层次,

图3 马王堆帛书,《养生方》52

图4 马王堆帛书,《五十二病方》224

来源:汉语多功能字库,http://humanum.arts.cuhk.edu.hk/Lexis/lexi-mf/

一、引子:醉酒的意义

最后是沉醉于世界之中的万物一体的存在论层次。

在中国传统中,酒在人们的日常生活中扮演了多重角色,比如酒代表着祭祀礼法,饮酒的礼节对应着自然节气、象征着儒家社会秩序。酒还与中国传统的诗乐精神联系在一起,醉酒带来的生命力勃发与艺术创造力的洋溢密不可分。最后,酒以及醉酒状态在中国传统文学作品中也常常被当作情节推进的关键环节,充当着人生历程的艺术化转折点。在西方思想史中,酒与醉酒的哲学也有着极为丰富的呈现,并有很多思想家对之进行了系统性的深入反思,从奥尔弗斯宗教对于酒神的神秘崇拜,到柏拉图笔下古希腊的会饮场景,到尼采高扬生命和意志的酒神精神颂歌,到叔本华和威廉·詹姆士对于精神迷醉状态的隐秘追求,到马克思和恩格斯把酒的生产和流通作为批判工具,酒、酒神和醉酒经验成为一个经久不衰的思想话题。从丰富的思想史资料出发,本书还从意识哲学、存在论、伦理学和艺术哲学的不同层面讨论了饮酒和醉酒。最后,我们把醉酒作为一个现代性事件,从现代生存经验入手分析了醉酒的功能,即舒缓均衡现代生存焦虑、重新认识时间和生活,重建现代人的生命经验。

本书的题目叫作"醉的哲学",我们还要谈谈哲学,醉酒何以能够成为"哲学"?

哲学(philosophia)在古希腊语中起源于形容词 philosophos,爱智慧的。海德格尔说,Philosophy 的 Philo-,即"爱"(philein),是指与"智慧"相适应、相协调。协调意味着"一物与另一物相互结合起来,因其相互依赖而原始地相互结合起来——[……]这就是'爱'的特征"①。他把"智慧"(Sophos)理解为一切存在物都在存在中得到集合,存在把一切存在物聚集起来,成为整体。我们说哲学是最根本的人类知识层次,在笛卡尔的知识树中,哲学/形而上学是树根和主干,这是因为哲学关心的是万事万物最普遍的本质。按照古希腊人的理解,万物的共同属性只有一个,就是"存在"。在日常生活中,人们多数时候不会对存在物归于存在这样的事情操心,可是拥有足够的闲暇、惊奇和自由的希腊人却对

---

① 海德格尔:《什么是哲学?》,孙周兴译,载《海德格尔选集》上卷,生活·读书·新知三联书店,1996年,第595页。

一、引子：醉酒的意义

此惊讶不已，去探究万物的共有属性，追问世界背后的那个存在。正是有了这种共同的本质，万物才聚合为整体性的和谐一致，是物与物的和谐一致，人与物的和谐一致，人与人的和谐一致。他们所爱的这种"智慧"类似于中国哲学中的万物一体，民胞物与，终极表达就是中国哲学中的天人合一。这种整体和谐的状态就是世界上千差万别的自然现象和存在者统一于存在之下，所以对于智慧的追问，就是对存在的追问，由存在者追问到存在。哲学就起源于带着好奇做出这一追问。追问一切存在物的根据何在，世界的统一性何在，这是一种普遍知识，在亚里士多德那里，哲学就是这种关于第一原理的普遍知识。随着时代的演进，哲学的论域逐渐扩大和转变，不仅是对万物普遍之本质的追问，其眼光从世界转向人的主体，也包括对人生的意义、伦理和价值、知识之根据的反思，但是总的来看，哲学对于整体性和和谐关系的追求依然不变，哲学的目标是为我们的世界和生活提供一个整体性说明，而且这个说明不是经验层次上的知识性的，而是超越性的。

在这个意义上看，"醉的哲学"便有其合理

之处。首先,醉的哲学是对饮酒活动和醉酒意识的反思和普遍性说明,讨论醉酒在本体论、认识论、伦理学、美学上意味着什么。其次,醉酒是一种独特的精神状态,是超离具体的日常生活,追求超越的精神生活的象征,这正与哲学的追求不谋而合。最后,由于在古希腊文化中包含的酒神和爱神的密切关系,还有酒神精神在个体生存、生命力方面的隐含意义及其开辟出的一种思想史传统,使得醉酒与哲学有了一些在思想史上可以追溯并加以具体描述的思想关联。由此观之,"醉的哲学"并非空泛之语,而是有其充分的思想和哲学内涵。在人类漫长的精神史上,醉酒提供了一条通往生命智慧、通往精神生活、通往哲学的道路,甚至可以说,"醉的哲学"在特定意义上是最本真的哲学,是最根本的人类精神财富,同时也为人类的现代生活提供了更丰富的可能性。

在人类历史上,"醉酒"通常被视为一种失范行为,是日常理智生活所排斥的。长期以来,"醉酒"被视为对社会规训的反抗,是居于日常生活和规范之外的异类行为,也是常态社会中的批判性行为。在当代生活中,一方面在新技术的

一、引子：醉酒的意义

统治下，社会生活在不断加速，个体生活不断被整合进技术的框架，而另一方面，与意义架构相对单一的前现代比，眼下我们生活的世界无疑更加多元，我们面临更多的选择和可能性。在这样的境况下，"醉酒"对我们而言意味着（暂时）出离不断加速的生活主流，意味着新的可能性和均衡力量，是当代人的生活艺术。

由于酒的作用而带来的创造性、当下性和本真性,整体上可以理解为一种豁达的境界,俯仰天地,心驰神往。

二
中国传统中的醉酒

二、中国传统中的醉酒

在某种意义上,酒是中国漫长历史文化中的一个关键词。从殷商开始,酒就是解读历史演进和文化风气的一把钥匙。作为文化现象,酒还与礼、诗密切相关,体现了丰富的精神向度。除了宏观的历史精神层面,酒的影响也是具体而微的,在个体的人生选择上,醉酒往往构成决定性的推动力量。

1. 酒 与 礼

众所周知,殷商时代崇尚感官享受,饮酒赏乐,商纣王以"酒池肉林"闻名于世,虽然在正统历史叙事中这显示的是他的纵欲无度、骄奢淫逸,但另一方面,以酒为池,以肉为林,也从侧面显露了那个时代的欲望彰显和生命力洋溢。及至周代殷商,时代风气则大相径庭,周公以礼来

图 5 四羊方尊,酒器,商代,上口最大径 44.4 cm,高 58.6 cm,重 34.6 kg,中国国家博物馆,北京

标识自身,以礼乐治天下,所谓"礼主别异,乐主同合",礼乐的配合构成了严密的秩序体系,进而为日常的社会建构和国家治理提供了一套形而上学的神圣话语。"别异"即差异性的等级关系覆盖了血缘家族领域和公共政治领域,君臣、

二、中国传统中的醉酒

父子、夫妇、弟兄,这构成了日常秩序的保障,这一点在后来的中国思想传统中有着一致的看法,儒家、道家和法家无一例外。而在西方情况也类似,柏拉图的理想国中的三个阶层以及他们各自的德性和特质也是对"主别异"的"礼"的一种表达。从生命力洋溢的远古感性时代,到主张秩序和理性统治时代,是人类社会发展的共有顺序。

在尊奉礼乐和理性秩序的周代,世风与殷商迥异,最为突出的表现就是对酒的态度。在周代,通常意义上饮酒是受到严格限制的,《周书·酒诰》就是中国历史上最早的禁酒令。《酒诰》以文王的口吻告诫诸侯和臣民,要限制行乐饮酒,因为酗酒会导致大乱失德,商纣王是前车之鉴,他放纵于酒,大作淫乱,最后导致了殷商的灭亡,酒成了殷商一代暴政和纵欲的物质象征,因此周要严格限制饮酒,聚众饮酒者,应当处死("群饮……予其杀")。当然,由于作为日常饮品的酒是如此普及,因此完全禁止是不可能的,因此《酒诰》也规定了一些允许饮酒的情形:比如只有在祭祀时才可饮酒("祀兹酒"),即便如此,要时刻用德行和伦理法则来规范,防

醉的哲学

图 6 鲁侯爵，酒器，西周早期，高 20 cm，宽 16.2 cm，重 0.76 kg，故宫博物院，北京

"尾部口壁内铸有铭文 2 行 10 字，是爵中铭文较长者。
鲁侯作觥，弊粤，
用尊桌盟。
铭文大意：鲁侯做了这个爵，用来放置祭祀父亲的庙里的
弊酒和聘礼、盟礼。"
来源：故宫博物院
https://www.dpm.org.cn/collection/bronzes.html

二、中国传统中的醉酒

止喝醉("饮惟祀,德将无醉"),另外,比如在父母高兴,备好酒食的情况下,可以饮酒("厥父母庆,自洗腆,致用酒"),但是这些可饮酒的情形都是与礼(比如祭祀,孝养父母等)绑定在一起的,只有在礼允许的框架亦即一种理性支配的状态下才能够饮酒①。酒就从一种催生生命力的原发之力,蜕变为一种礼俗的点缀之物,更遑论醉酒这样的宣泄情绪的状态,更不可能在礼的支配下得到赞许。此后在漫长的中国传统中,酒与礼成了相对固定的组合,在特定的礼节中,酒充当了功能性的角色,在礼的框架下发挥象征性隐喻的作用,比如在祭祀中沟通天人关系,刻画人情规范。

《论语》中孔子对酒的态度比《酒诰》中的要求要宽松一些。在《乡党》一篇中,孔子专门谈了饮食之礼,这段话广为人知:

> 食不厌精,脍不厌细。食饐而餲,鱼馁而肉败,不食;色恶,不食;臭恶,不食;

---

① 关于《酒诰》与酒文化的论述,可参看贡华南:《论酒的精神——从中国思想史出发》,《江海学刊》,2018年第3期,第14—15页。

> 失饪，不食；不时，不食；割不正，不食；不得其酱，不食。肉虽多，不使胜食气。唯酒无量，不及乱。沽酒市脯，不食。不撤姜食，不多食。

粮食和鱼肉要精挑细作方可入口，不新鲜的不吃，颜色不佳的不吃，气味变了的不吃，烹调不当的不吃，不当季的食物不吃，切得不方正的不吃，佐料不适当的不吃，这都是"礼"在生活细节中的要求。唯有讲到酒的时候，夫子说，喝酒是没有限制的，但不要喝醉（"不及乱"）。而且他对酒的来源有要求，市面上买的酒是不洁净的不能喝，要喝自酿的酒。这些都是孔子所言"礼"的要求。但我们可以看到，在这里，"礼"并非来源于宏大的政治叙事（殷商因纵酒而亡），而更多是平常人的生活细节和要求，这都体现在"乡饮酒礼"之中。随后夫子又说了一个与酒有关的要求，"乡人饮酒，杖者出，斯出矣"，乡人饮酒的礼仪结束后，要等拄着拐杖的长者先走，自己才能出去。酒和饮酒一方面承载了"礼"的要求，但另一方面则与日用生活和人生常情并行不悖。

二、中国传统中的醉酒

及至北宋,酒与礼的结合更是深入寻常百姓家,无处不在。然而酒本身作为精神活性物质,其活化精神、冲破礼俗的功能和面相,在不经意间总是会得到彰显,特别是日常状态中、在祭礼等官方仪式之外的生活场合中,尽管孔子说过饮酒要"不及乱",但醉酒状态依然常见。因此礼俗与醉酒、庙堂与生活日常,就构成了酒的文化内涵中的一种张力。如《北山酒经》所言:

> 酒之于世也,礼天地,事鬼神,乡射之饮,鹿鸣之歌,宾主百拜,左右秩之,上至缙绅,下逮闾里,诗人墨客,渔夫樵父,无一可以缺此。投闲自放,攘襟露腹,便然酣卧于江湖之上,扶头解酲,忽然而醒。

作为礼的组成部分,酒的首要功能是"礼天地、事鬼神",是乡射礼上的饮品,首先与祭祀和礼法联系在一起。祭祀礼仪上的饮酒并非开怀畅饮,而是首先要体现尊卑差异,是各种仪节安排的重要环节和渠道,象征着秩序和威仪。《礼记》专门有《乡饮酒义》一篇,孔颖达解释说,乡饮酒篇前后凡四事,一则三年宾贤能,二则卿大夫饮国中贤者,三则州长习射饮酒也,四则党正蜡祭饮酒。在儒家的传统仪礼中，饮酒的礼节代表了社会秩序的有序展开，这种先后尊卑的关系构建是良好社会秩序的根本保证，比如"乡饮酒之礼，六十者坐，五十者立侍，以听政役，所以明尊长也。六十者三豆，七十者四豆，八十者五豆，九十者六豆，所以明养老也。"(《礼记·乡饮酒义》) 但同时，饮酒本身导致的个体精神亢奋乃至醉酒状态，却是倾向于打破这些尊卑高下的仪礼关系，这使得酒和礼始终处于一种张力之中。对此庄子看得明白，他说道："以礼饮酒者，始乎治，常卒乎乱"(《庄子·人间世》)。

细究起来，祭礼中之所以离不开酒，可能也正是由于酒所包含的这种张力。一方面祭礼中的饮酒体现了礼节中尊卑高下的秩序，但同时，祭祀最终是一个开启和导向超越的精神世界的活动，因此酒之所以与祭祀之礼结合，更深层的原因正在于酒作为精神活化物质，饮酒后的醺醉状态极易被想象为精神的提升，从而与天地鬼神沟通，醉酒意识是人类神秘意识的重要类型之一。醉酒状态所具有的这种神秘主义色彩，正是祭祀的核心部分，换句话说，祭祀之礼中酒的加入，强化了礼的神秘性和神圣性。"礼"的核心一方

二、中国传统中的醉酒

面是要求个体能够各安其位,但另一方面,也是在寻求一套神圣话语对日常的秩序和生活加以支撑,而饮酒作为祭祀的环节,则暗示了一种天人贯通的状态,强化了"礼"的仪式性力量和对参与者的神秘感召。

同时,作为儒家"礼"的观念中的一个组成部分,在"礼"的展开过程中,酒本身的精神性面相也得到了强化,关于其功能的想象在中国思想传统中得到了极大的发挥。与水、茶和羹汤不同,酒首先是农业社会不易取得的从粮食中提炼的饮料,其次它作为精神活化物质带有某种可神圣化想象的倾向,因此酒在传统礼仪中位置十分特殊且不可取代。长期以来酒作为祭祀等神圣仪礼中的固定环节,其本身也具有了一种内化的神圣特性。因此在日常生活中,酒就具有了不可或缺的特殊地位和功能,它不仅是阶位比较高的待客之道,甚至成了具有神圣意味的颐养天下的"百药之长":

> 酒者,天之美禄,帝王所以颐养天下,享祀祈福,扶衰养疾。百礼之会,非酒不行。(《汉书·食货志》)

然而对于个体和集体的生存而言，酒与礼在某种意义上都是合理安置个体和集体情绪和情感的渠道。传统的礼节和仪俗首先是对人的规训程序，《礼记》曾用酒和酒曲的关系来比喻礼与人的关系，"礼之于人也，犹酒之有糵也，君子以厚，小人以薄"（《礼记·王制》），好酒的酒曲醇厚，就如君子厚礼，劣酒的酒曲单薄，就如小人轻视礼。这种关于礼的规训当然要包含对于情感和情绪的合理安置，这是礼的核心内容，因此君子应当"修义之柄，礼之序，以治人情"。这就引出了一个延伸性的看法：礼节和仪俗是用来培育和安置人情仁爱的，反过来讲，它们也构成了个体和集体生存的保护层。如果没有这些礼节和仪俗，我们面对生活中的重大变故时会无所适从，会被强烈的情感灼伤。因此所有民族和文化传统都会建立相对固定的仪礼制度。在日常生活中，我们正是通过各种各样相应的礼节来排遣和安置我们的情感，宣泄哀伤、期待、欢乐等情绪，形成共同体中的共情，使得共同体的延续更加稳固。如果没有这样一种制度化的安排，强烈的情感会扰乱个体的日常生活，共同体也无法维系。在这个意义上，酒和礼有着类似的功能，即宣泄和安置情感，所不同的是，饮酒和醉酒是个人层面上的宣泄情感,礼俗则更多是在制度性层面、也就是集体层面宣泄和安置情感。

2. 酒 与 诗

除了与端庄权威的礼结合,酒在人类文化中更多呈现的还是其活泼的生命力和创造力面相。醉酒是超越尘世、对抗名教的手段,并最终导向挥洒自如的创造性。因此无论中西,酒和醉酒都与艺术创作、诗性、灵感等相呼应。在中国古代诗词中,无论是陶渊明的"忽与一樽酒,日夕欢相持",欧阳修的"一片笙歌醉里归",辛弃疾的"醉里吴音相媚好",还是李清照的"沉醉不知归路",苏东坡的"遥知独酌罢,醉卧松下石",都赋予醉酒状态最美好的浪漫主义意味。酒与诗的关系在"但愿长醉不复醒"的李白身上得到了最好的诠释。时人对李白醉酒后的创作状态有很多描述,比如:

> 李白嗜酒,不拘小节,然沈酣中所撰文章,未尝错误,而与不醉之人相对议事,皆不出太白所见,时人号为"醉圣"。(王仁裕

《开元天宝遗事》)

李白斗酒诗百篇,长安市上酒家眠。(杜甫《饮中八仙歌》)

李白诗歌对于酒的歌咏随处可见,据考证,《李太白全集》中提到"酒"字的有260多处,提到"醉"字的有160多处。[①] 醉酒不仅是李白排遣烦恼、浇灭愁苦的途径,也是他行乐交欢、激发想像力和创造力的最重要途径。在《月下独酌四首》中他甚至把醉酒当作建构形而上的精神生活的路径,"三杯通大道,一斗合自然",同时也是流溢想像力的源泉,"且须饮美酒,乘月醉高台"。

白居易也是好酒之人,自称"醉吟先生",他任江州司马时,自称"醉司马",后任河南尹,改称"醉尹"。白居易作《府酒五绝》,其中《自劝》写道:"忆昔羁贫应举年,脱衣典酒曲江边。十千一斗犹赊饮,何况官供不著钱。"展现了诗人酒后无拘无束的状态。酒与诗在传统意境

[①] 参看贡华南:《从醉到闲饮——中国酒精神演进的一条脉络》,《贵州大学学报(社会科学版)》,2020年5月,第42页。

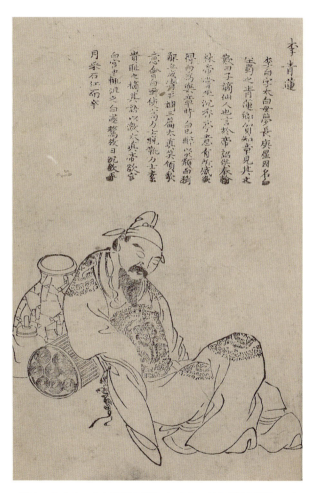

图7　金古良,《南陵无双谱》之李白,清初浙派版画,刊刻于清康熙三十三年(1694)

中就是一对拆分不开的事物，饮酒与醉酒意味着创造性、当下性和本真性。

除了"李白斗酒诗百篇"，醉酒引发的创造性在很多诗人墨客那里都有呈现。自谓"性嗜酒"的陶渊明在《饮酒》诗的小序中就说：

> 余闲居寡欢，兼比夜已长，偶有名酒，无夕不饮，顾影独尽，忽焉复醉。既醉之后，辄题数句自娱，纸墨遂多，辞无诠次，聊命故人书之，以为欢笑尔。

《饮酒》诗中蕴含的安顿身心、超越凡俗的境界集中体现在"采菊东篱下，悠然见南山"这样的名句中，万物自为地存在，人悠然居于其中，体现了物我两忘、天人一体的精神境界，而这个境界非醉酒而不能见。王国维在《人间词话》中指出，这两句诗表达的是一种无我之境，"无我之境，以物观物，故不知何者为我，何者为物"，这是醉酒促成的创作状态。酒在陶渊明这里成了一种精神通达自然平和状态的中介，他的醉酒之诗语言质朴平实，不卖弄辞藻，不耽于玄谈，而是于平淡中直抒胸臆。朱自清说陶渊明的诗"将自己的日常体验化入诗里"，"近意而入

二、中国传统中的醉酒

图8 钱选,《扶醉图》,绢本,水墨设色,元代,28 cm×49.5 cm,林熊光、张大千旧藏,王季迁藏

画中描绘酒后的陶渊明面露醉态,袒胸露腹,一手扶于榻上,一手作送客状。右方有画家自题:"贵贱造之者,有醉辄设。若先醉,便语客:我醉欲眠君且去。"

玄",体现了"真"和"醇"。① 这种无我之境也反应了诗人的平和之境,就像鲁迅在《魏晋风度及文章与药及酒之关系》中说,陶渊明的态度是"随便饮酒,乞食,高兴的时候就谈论和作文章,无尤无怨……是个非常和平的田园诗人"。既然"性嗜酒",那么随便饮酒便是自然状态,若反之

---

① 参见朱自清:《陶诗的深度》,载《朱自清古典文学论文集》,上海古籍出版社,1981年,第569页。

则落入矫揉造作，而显得落了俗套。通过饮酒实现"真"和"醇"的状态，诗人达到了心灵与世界、超越与凡俗、出世与入世之间的平衡状态。

因为醉酒而无我，所以便消解了自我对于时间的统握，也就没有过去和将来，只有当下，从而把醉这种意识状态转换为一种人生态度，这在古代诗歌中也有表现。脍炙人口的罗隐的《自遣》诗云：

> 得即高歌失即休，多愁多恨亦悠悠。
> 今朝有酒今朝醉，明日愁来明日愁。

醉酒状态消融了日常的时间流逝感，让人只面临当下，心胸由此开阔，消解了众多的忧愁。虽然时间感的消融在日常角度考虑未免缺乏积极性，但也是一种艺术化的生活姿态，非此，创作不出性情流露的诗歌。罗隐生于唐末，多次参加科举不第，虽如此，他却能坦然面对生活的波折，把对过去的惆怅和对未来的忧思抛诸脑后，这是醉酒时面临当下的状态，同时更是他面对人生的整体态度，就像他在《黄河》诗中写道："三千年后知谁在？何必劳君报太平！"醉酒心态意味着一种文学式的追求生命当下的态度，在这

二、中国传统中的醉酒

里感召着一代代读者。

由醉酒召唤而至的当下性,同时也是一种心态的本真性。"醉"与"真"是一对经常在诗歌中出现的概念,李白的《拟古》诗中就有"仙人殊恍惚,未若醉中真"的句子,秦观的《饮酒诗》中也有"我观人间世,无如醉中真"的诗句。醉中方能有真,醉酒而流露真性情,这种真是人世间最高的本真性。这里的"真"首先是指醉酒经验引发的个体内在经验的独特性和不可取代性,本真的情绪不是可用程序化的方式理性推断的,因此是绝对内在化的、绝然属我的。就像胡适在他的现代诗《醉与爱》中所言:

> 醉过才知酒浓,爱过才知情重
> 你不能做我的诗正如我不能做你的梦。

此外,"真"还指内心的本真性,不役于外物,是一种天真本然的人生状态,比如杜甫的"嗜酒见天真"、白居易的"醉态任天真"、苏轼的"醉语出天真"等,同时也指认知意义上的真,在醉的状态下能够洞悉事物之真,比如王阳明的"醉后相看眼倍明,绝怜诗骨逼人清。"

醉酒状态下的本真性可以消除人生疑虑,使

人心态坦荡，如苏轼所咏：

> 人间本儿戏，颠倒略似兹。
> 惟有醉时真，空洞了无疑。
> 坠车终无伤，庄叟不吾欺。
> 呼儿具纸笔，醉语辄录之。
> （苏轼《和陶饮酒二十首》）

因为醉酒的本真性和当下性，日常的思虑和忧愁皆可抛诸脑后，这种状态甚至有了一种认识论的意义：

> 酒中真复有何好，孟生虽贤未闻道。醉时万虑一扫空，……十年揩洗见真妄。（苏轼《孔毅父以诗戒饮酒，问买田，且乞墨竹，次其》）

由于酒的作用而带来的创造性、当下性和本真性整体上可以理解为一种豁达的境界，俯仰天地，心驰神往。酒与诗不仅是相关的两个事件，更是相互诠释的因缘关联，情绪在酒与诗共同引发下喷薄而出，使心境豁然开朗。王羲之在《兰亭集序》中说"一觞一咏，亦足以畅叙幽情"，接着他说道：

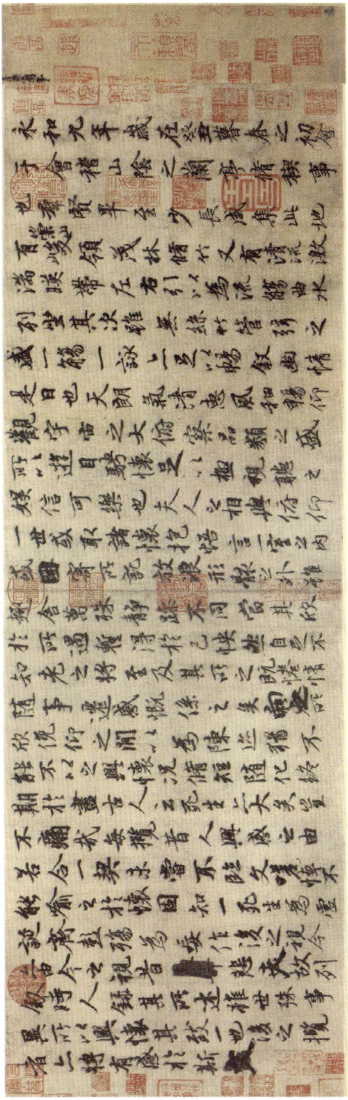

二、中国传统中的醉酒

图9 神龙本《兰亭序》,冯承素摹王羲之,纸本行书,唐代,24.5 cm×69.9 cm,故宫博物院,北京

> 仰观宇宙之大，俯察品类之盛，所以游目骋怀，足以极视听之娱，信可乐也。

荷尔德林在他的名篇《面包与酒》中也将诗与酒相提并论，将"琼浆玉液的器皿"和"取悦众神的颂歌"相提并论。在这首诗著名的第7节，荷尔德林提出了"诗人何为"的问题，他说道：

> 我不知道，在贫瘠时代里诗人何为？
> 可你却说，他们就像酒神的虔诚祭司
> 在神圣之夜从一个地方迁徙到另外一个地方。

诗人是酒神的祭司，正因为酒的媒介，我们在贫瘠时代才得享神圣之夜。在酒神的感召下，酒的激发下，诗人的想象力得到激发，诗的情怀才喷涌开来。就如保罗·瓦莱里所言，诗歌执行着伟大的思想任务："努力使不存在的东西存在于我们之中"，为"未露面事物"命名，使得想象中的新的事物秩序渗入既有的事物秩序，打开一个新的世界。诗歌的这一使命需要诗人高度的创造性、想象力和豁达的心境，而醉酒为此开辟了一条捷径。

二、中国传统中的醉酒

图10 弗朗西斯科·戈雅,《有水果、酒瓶和面包的静物》,布上油画,45 cm×62 cm,1824—1826年,奥斯卡·莱因哈特艺术馆,温特图尔

3. 醉酒与人生

前文谈到罗隐的"今朝有酒今朝醉,明日愁来明日愁",反映了作者关注当下、坦然率真的人生态度,可以说,醉酒经验赋予个体一种新的人生可能性。古往今来,类似的例子不胜枚举,

比如陶渊明的醉酒与人生就紧密地结合在一起。他的《饮酒》诗才情横溢,但当时诗人的人生却并不完美,一方面他身处晋宋的朝代更迭,战事不断,另一方面他在宦海沉浮后心灰意冷归园田居。《饮酒》诗二十首,也是他对人事衰荣的反思和慨叹。在酒与人生的话题上,

> 陶渊明只承认人世间有两条路:有道与无道(道丧)。二者形成了鲜明对比:前者不吝其情,有酒即饮,不顾世间功名,不期长生,在如流电一般短暂易逝的有生之年,快意释放自己的素朴本性;后者"有酒不肯饮,但顾世间名"。矫情从俗,有酒不饮,或为功名,或求长生,将自己素朴之性作为工具付于身外之物(作为成就某个目标的工具)。饮酒关涉到对现实生活中利益、理智、秩序、道义的态度。①

---

① 贡华南:《从醉到闲饮——中国酒精神演进的一条脉络》,第37页。

二、中国传统中的醉酒

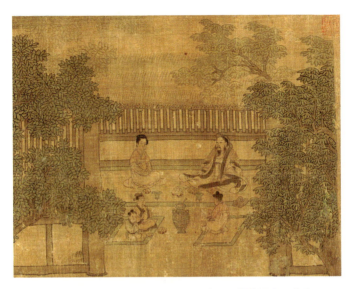

图11 李公麟,《渊明归隐图》(局部),绢本设色,北宋,37 cm×521.5 cm,弗利尔美术馆,华盛顿

此部分描绘了《归去来兮辞》中"携幼入室,有酒盈樽。引壶觞以自酌,眄庭柯以怡颜。倚南窗以寄傲,审容膝之易安"的场景。

陶渊明的"有道"的态度,纵情饮酒,快意恩仇,肆意沉醉,不吝其情。由此进入的醉酒状态,能够使人回复到本真的状态,人的本性和天性在醉酒时得到完全的呈现,压抑在内心中的欲望和情感在醉酒时得到宣泄,因此《说文解字》有云:"酒,就也,所以就人性之善恶。"饮了酒，人之本性的善与恶都展现出来、张扬起来，善者为善，恶者为恶，人生方得以真面目示人。醉酒与人生，是千百年来文学作品反复描写的主题。

比如在《水浒传》中，据统计，全书共有一百二十处出现了对酒和饮酒的描写，其中直接描写醉酒的有二十七处。主人公的醉酒往往被大费笔墨的描写，上至皇家贵戚和官员公人，下至猎户渔家、被押解的犯人，乃至引车卖浆、贩夫走卒，几乎都有饮酒的情节。我们知道《水浒传》所描写的北宋，还没有制造烧酒的酿酒工艺，按照《本草纲目》的记载，制造烧酒的蒸馏工艺是元代才出现的。因此水浒中出现的酒应该是用酒曲（粬）① 在粮食中经过发酵而酿造的米酒，这种宋代的米酒类似于今天我们的黄酒。这样我们就可以理解为什么梁山好汉们能大碗豪饮，为什么在智取生辰纲中杨志带领的军汉要买白胜的酒来解渴。而且在书中多处都强调，酒是要温热了喝的，所

---

① 宋代已经有了比较成熟的酒曲制造工艺。政府也十分重视酒曲的制造、生产，孟元老的《东京梦华录》记载，在北宋东京有个曲院街，即是官府掌控的酒曲生产地。

二、中国传统中的醉酒

图12 戴敦邦1994年为央视大型连续剧《水浒传》创作的人物设计图,此幅描绘的是原书第十回"林教头风雪山神庙"中的林冲。

谓"烫酒筛下"在书中多处出现，比如武松在孟州道入了母夜叉的黑店，就要求把浑色酒烫来吃。当然也有冷饮的时候，这多是情况仓促或者没有条件的情况下，比如"林教头风雪山神庙"一节，因为大雪压踏了草堂，林教头在山神庙中暂时栖身，把沽在葫芦里的"冷酒提来慢慢地吃，就将怀中牛肉下酒"。烫酒而饮的方式，跟我们今天南方喝黄酒的方式十分相似。

在《水浒传》中，酒按质量高低也有不同的层次，显示了不同的饮酒阶层以及相应的酒文化。村头小店是下等的村醪白酒，武松要抢孔亮的青花瓮酒，江州浔阳楼有蓝桥风月美酒，陈太尉招安梁山泊时带的是御酒，阮小七闻得喷鼻馨香。正是他按照吴用的计谋换了御酒，才搅黄了这次招安。不仅于此，酒在全书中多次成为关键性的道具。"智取生辰纲"中黄泥冈上白胜的两桶村醪白酒和椰瓢最终骗过了警惕的杨志，而全书最后一回宋江就是饮了御赐的药酒身亡，之前他不忘请李逵来饮酒，在酒中下药也毒死了李逵。除了作为外在的道具，醉酒状态也在主观上成为情节发展的推动力，在鲁智深大闹五台山、林教头风雪山神庙、智取生辰纲、景阳冈武松打

二、中国传统中的醉酒

虎、浔阳楼宋江题反诗等多个脍炙人口的著名章节中,主人公饮酒是为了御寒(林冲),为了解渴(智取生辰纲),也可以壮胆(武松),可以抒胸臆(宋江)。在这些故事中,主人翁均是在醉酒状态下行事的,才造就了这样让读者惊叹称道的情节事迹。由于醉酒的间离状态——一种与习惯和日常的疏离,从而促成并构建了历史事件,也就是"日常中断处,历史呈现"。

在《水浒传》跌宕起伏的丰富情节中,作为催化剂的醉酒导致的"日常中断"也有不同的类型。林冲在出场时初识鲁智深,二人"恰才饮得三杯"就听说高衙内调戏妻子而去解围,当他认出对方是高衙内,竟"先自手软"了,虽然后来心中"郁郁不乐",仍然劝退了赶来的鲁智深,可见林教头的隐忍性格。但在"风雪山神庙"的夜里,醉酒状态令他突破了日常的隐忍状态,胸中的愤怒得以宣泄,这种前所未有的情绪宣泄让林教头失去往日的矜持,手刃陆虞侯后抢村夫的酒喝,最后竟醉倒在雪地上,才被柴进的庄客捉住。

在武松那里,醉酒后没有像林冲那样发生性情的逆转,而是陡增了胆量和力气,气势大涨。武松在"三碗不过岗"的酒店喝了十五碗"好生有气力"的酒,才有景阳冈打虎的壮举,孟州道"无三不过望"喝了几十碗酒,才有醉打蒋门神。他自己说:"我却是没酒没本事。带一分酒便有一分本事,五分酒五分本事,我若吃了十分酒,这气力不知从何而来。若不是酒醉后了胆大,景阳冈上如何打得这只大虫!那时节,我须烂醉了好下手。又有力,又有势!"①

---

① 关于武松的喝酒,金圣叹有一长批:"故酒有酒人,景阳冈上打虎好汉,其千载第一酒人也。酒有酒场,出孟州东门,到快活林十四五里田地,其千载第一酒场也。酒有酒时,炎暑乍消,金风飒起,解开衣襟,微风相吹,其千载第一酒时也。酒有酒令,无三不过望,其千载第一酒令也。酒有酒监,连饮三碗,便起身走,其千载第一酒监也。酒有酒筹,十二三家卖酒望竿,其千载第一酒筹也。酒有行酒人,未到望边,先已筛满,三碗既毕,急急奔去,其千载第一行酒人也。酒有下酒物,忽然想到亡兄而放声一哭,忽然恨到奸夫淫妇而拍案一叫,其千载第一下酒物也。酒有酒怀,记得宋公明在柴王孙庄上,其千载第一酒怀也。酒有酒风,少间蒋门神无复在孟州道上,其千载第一酒风也。酒有赞酒,'河阳、风月'四字,'醉里乾坤大,壶中日月长'十字其千载第一酒赞也。酒有酒题,'快活林'其千载第一酒题也。凡若此者,是皆此篇之文也,并非此篇之事也。如以事而已矣,则施恩领却武松去打蒋门神,一路吃了三十五六碗酒,只依宋子京例,大书一行足矣,何为乎又烦耐庵撰此一篇也哉?甚矣,世无读书之人,吾末如之何也!"

二、中国传统中的醉酒

图13 歌川国芳,《通俗水浒传豪杰百八人》之行者武松,木版印刷,1845—1850年,24.6 cm×18.2 cm,大英博物馆,伦敦

对于郓城小吏宋江而言，酒则是他挥洒真性情的助推器，素来稳重多谋的及时雨若不是饮酒狂荡，也不会在浔阳楼题"他日若遂凌云志，敢笑黄巢不丈夫"以抒胸中之志。就情节而言，宋江浔阳楼题反诗而引发的江州截法场正是将梁山聚义推向高潮的重要转折点。

无论是突破日常的隐忍状态，还是增加胆量和力气，抑或是挥洒出真性情，酒在这些情节中的推动作用之关键在于，醉酒让行事者本真的主体确立起来了。在中国传统文化中，日常状态下，"自我"是隐没的，个人是通过家庭、宗族共同体、政治共同体等各种社会关系被定义的，自我或隐忍不语、或浑浑噩噩地隐藏在错综复杂的社会关系之下，君臣父子家国天下，唯独没有一个精神上的个体自我，没有具有优先地位的主体意识。但是醉酒可以让主体凸显，冲破礼数的限制，宋江上元节到开封见李师师时，"酒行数巡，揎拳裸袖，点点指指，把出梁山泊手段来"，柴进待要解释，李师师说道："酒以合欢，何拘于礼。"当然在水浒的故事里，酒绝不仅仅是实现一时欢愉洒脱的手段，更是推动人生骤变的关键道具。在酒的加持下，好汉们的"真我"凸显

二、中国传统中的醉酒

出来,风雪山神庙的林冲借着冷酒突出的是义愤之我,景阳冈和快活林的武松借酒突出了勇气和武力之我,浔阳楼上的宋江借酒写出了内心深处的雄心之我。正是个体自我的凸显,原本压抑缠绕的社会关系被冲破和解构,主人公们才能做出上梁山泊落草的决定,从而那些能够与读者共鸣的、波澜壮阔的人生故事才能展开。

与之相反,在现代性的境遇下,在西方启蒙和科学的语境中,从"我思故我在"出发,自我的凸显已是无可置疑的前提,主体优先于任何共同体。与之相应的,与心灵相对的客观世界则成了人的对象,自然和世界成为被告席上的被告,接受主体的逼问。相对于这个现代性境遇,醉酒状态就有了批判性的意义,醉酒让绝对优先的主体消弭,让个体重新返回共同体、返回自然,与世界合一。由此我们可以看到醉酒在不同语境和背景下的不同效用:在主体隐没的情形下,醉酒可能使得主体和自我意识凸显和确立,而在主体过于强势凸显的情形下,醉酒则可以使得主体回归到共同体和自然之中——无论在何种情形下,醉酒总是一种补偿均衡的力量。

以酒为代表的精神活性物质以及它对人的意识状态造成的影响,即酒与醉酒经验与观念史也有着密不可分的关系。

三
西方观念史中的醉酒

三、西方观念史中的醉酒

观念史或思想史是人类历史最为底层的动力,如拿破仑所言,"思想比刀剑更有力量",我们的生活在很大程度上是被我们所属时代的大观念所形塑的,而人类历史的基本形态就是由一连串的大观念决定的。但是这些思想和观念并非从天而降或由神赐予,也不是由某个天才人物凭空发明的,而是从特定时代和特定境遇中构建产生的,是人群特定的经验形态。因此思想史研究要回到生活世界,就意味着我们应当从物质历史、生活世界入手研究观念史。相比于传统思想史的从观念到观念的梳理路径,这种从生活世界入手的研究能够从发生学的维度揭示观念史的成因,从而完整地呈现观念史的谱系学。比如公元前6世纪货币的出现意味着人类抽象想象能力的增强,货币的出现彻底改变了社会关系、人际交往、观念史、道德、权力等,这与毕达哥拉斯关于数的抽象思维和柏拉图的理念论的形成密切相关。还有古希腊城邦的建筑和空间布局、公共空间的划分，与希腊哲学的形成也有着密切的关系，政治活动和辩论只有在公共空间内才有可能，这是哲学形成的基础，由此推动了希腊人对于理性精神、修辞术、政治学的关注，构成了希腊尤其是雅典人的精神世界。与此类似，以酒为代表的精神活性物质以及它对人的意识状态造成的影响，即酒与醉酒经验与观念史也有着密不可分的关系。很多哲学观念的最底部往往是哲学家的一种不同于日常的经验，可以称之为神秘主义经验，没有这样的经验，哲学观念的大厦是无法建立的，醉酒状态就是通达这种神秘经验的方式之一。同时，从古希腊的酒神信仰开始，酒和醉就不仅仅是物质或个体经验层面之事，更是人类思想史中独特的符号，指向生命、艺术、情感等丰富的意象。

1. 古希腊的酒神与神秘主义传统

关于酒与哲学最著名的古希腊文本是柏拉图的《会饮篇》。"会饮"一词，古希腊语为 $Συμπόσιον$，意指典礼和仪式之后参加者聚在一起饮酒交谈的礼节，这个词后来被拉丁文吸收，

三、西方观念史中的醉酒

图 14　基里克斯陶杯（kylix）（局部），公元前 5 世纪　柏林国家博物馆，柏林

图案描绘了正在一场会饮上饮酒的宾客们。

图 15　陶器（局部），公元前 4 世纪　卢浮宫，巴黎

图案描绘了一名吹奏阿夫洛斯管（aulos）的少女正在一场会饮上为宾客们演奏。

055

写作 Symposium。《会饮篇》的场景是苏格拉底前去悲剧诗人阿伽通的家中赴宴。这一天的前一天晚上，三万人刚刚为庆祝阿伽通夺得悲剧大奖喝得烂醉。在会饮一开始，苏格拉底和阿伽通谈到智慧高低的问题，阿伽通就以玩笑的口吻说道：

> 关于智慧的问题，我们还是等一会儿决定，请狄奥尼索斯来给我和你作裁判。①

谁更智慧，这要由狄奥尼索斯（Dionysus）来裁判，酒神就此出场。对于酒神狄奥尼索斯的崇拜在柏拉图时代就已经广泛存在。以酒神崇拜为核心的奥尔弗斯宗教源自小亚细亚地区，后来逐渐成为古希腊最为重要的宗教形态。狄奥尼索作为外来的新神，并没有出现在荷马诗歌所描述的奥林匹斯山上，因此他作为外邦神是经过了一系列抵制方才成功进入古希腊的神谱，希腊人将狄奥尼索斯崇拜与本土的阿提刻酒神崇拜结合在一起。对酒神的祭祀仪式是夜间在山顶点燃火把、祭祀者组成歌队，伴随着狂热的音乐和舞蹈，挥动着节杖，进入迷狂的状态，信徒们相信

---

① 柏拉图：《柏拉图对话集》，王太庆译，商务印书馆，2011年，第293页。

狄奥尼索斯本人或他的神圣动物狮子和豹子，会压倒并撕碎他们。酒神祭典象征着希腊人"身体蓬勃盛开""心灵活力迸发"。①

狄奥尼索斯的神话被行吟诗人奥尔弗斯（Orpheus）讲述，因此我们也称酒神的信仰为奥尔弗斯宗教。在神话中，作为宙斯的私生子，狄奥尼索斯被天后赫拉指派的大力神泰坦杀死，当泰坦吞噬他的身体时，被雅典娜阻止，此时只有狄奥尼索斯的心脏还未被吃掉。雅典娜带着狄奥尼索斯的心脏和泰坦去见宙斯，愤怒的宙斯当即杀死了泰坦，将狄奥尼索斯的心脏放入泰坦的身体令他复活。② 因此新生的狄奥尼索斯既有泰坦的肉体，又有原先酒神神圣的心灵，他象征着心灵和身体的二分，在醉酒时心灵也仿佛能够出离身体。身体是有死的，灵魂是永恒的，灵魂被禁锢在人的肉体凡胎之中。奥尔弗斯教团主张弃绝身体，这样灵魂才能从生死轮回中解脱出来，回返到纯洁如初的状态。这个观念起源于东方的印度

---

① 尼采：《悲剧的诞生》，孙周兴译，商务印书馆，2012年，第8页。
② 关于狄奥尼索斯的身世在神话里有不同的表述，另一说是狄奥尼索斯是宙斯和忒拜公主塞默斯的私生子，在他还未出生时，塞默斯就被赫拉杀死，宙斯救下了未足月出生的狄奥尼索斯，把他缝入自己的大腿中，足月才取出。

图 16　提香,《巴库斯与阿里阿德涅》(*Bacchus and Ariadne*),布上油画,1522—1523 年,176.5 cm×191 cm,英国国家美术馆,伦敦

画中的巴库斯乘着由两匹猎豹拉着的战车,身后跟着他的随从们,来到了纳克索斯(Naxos)岛,在这里,巴库斯对被忒休斯(Theseus)抛弃在岛上的阿里阿德涅一见钟情。

三、西方观念史中的醉酒

图 17 约翰·沃特豪斯（John William Waterhouse），《宁芙找到奥尔弗斯的头》（*Nymphs Finding the Head of Orpheus*），布上油画，1900 年，149 cm×99 cm，私人收藏

奥尔弗斯沉浸在失去妻子的悲伤中不能自已，在一场祭祀的狂欢中，被酒神的狂女们撕成了碎片。在这幅画中，奥尔弗斯的头颅和他的七弦琴顺水漂流来到了水泽女仙宁芙们的面前。

或伊朗，通过色雷斯这一桥梁，最后输入到希腊，成为希腊思想的核心部分，对毕达哥拉斯、柏拉图等人影响深远。

古希腊人面对自然的变化、生命的无常，感到无所适从，生命没有依靠感，因此即便古希腊神话中的奥林匹斯山上的诸神也对抗不过命运的力量。这种无力感大概是人类先民共同的情感，为了克服生存的无力感和不安全感，宗教、科学各展其能。亚里士多德说："求知是人的本性。"也是强调人类试图依靠探索知识来把握自然的规律、预见自然的变化，从而让生活更加稳定和安全，这是人之本性。而酒或类酒饮料的出现，让先民在与自然和世界的对抗中有了一个方便的出口，醉酒不需要进入虔诚的信仰、也无需艰深的知识探索，甚至无需复杂的心理调适，在饮酒中先民与自然达成了融合为一的和解，达到了暂时性的心绪协调。酒神崇拜最后导向精神脱离身体，也是主体摆脱物质的有限性、与永恒合一的理念欲求的短暂实现。

让我们回到《会饮篇》。在对话一开头，阿伽通说由狄奥尼索斯来做裁判，就是会饮开始之意。在例行的仪式之后,大家开始饮酒。包萨尼亚和阿里斯多芬等人说到在昨天的酒局上,他们都烂醉如泥,因此今天要"喝得从容一些",阿伽通也表示今天没有力量多喝。可见雅典的这批精英人士的会饮和醉酒是生活常态。接下来医生鄂吕克锡马柯就开始谈"醉酒"的危害:

> 我有一种信念,这也许是从我行医的经验得来的,就是醉酒对人实在有害。我们自己不肯饮酒过量,也不肯劝旁人喝过量,尤其是头一天喝过酒,头还昏昏沉沉的时候。①

众人对此表示认同,纷纷表示今天的会饮不闹酒,而以谈论话题来消遣时光,鄂吕克锡马柯把关于"爱情"的话题抛了出来,他们要颂扬爱神,这也是《会饮篇》又名《论爱情》的原因。在一场雅典精英汇聚的会饮活动上,酒神和爱神就此相遇。在开场发言的斐德若那里,他把爱神放到最高的位置上:

---

① 柏拉图:《柏拉图对话集》,第 299 页。

图 18　普拉克西特列斯（Praxiteles），《赫尔墨斯与婴儿狄奥尼索斯》（*Hermes and the infant Dionysus*），大理石圆雕，公元前 4 世纪，高 213 cm，奥林匹亚考古博物馆，奥林匹亚

三、西方观念史中的醉酒

> 总起来说,我认为爱神在诸神中是最古老、最荣耀的,而且对于人类,无论是生前还是死后,他也是最能导致品德和幸福的。①

古希腊的理想爱情是发生在年长的情人和年轻的少年男子(爱人)之间的,情人应当乐于拿学问道德来施教,爱人则应当以感恩之情来报答自己在这段爱情中学问道德上的受益。因此对于爱情与学问道德的追求是合一的,所以"爱人眷恋情人就是一件美事"。这样的爱情并非纯粹肉欲的(不是以生育为目的的),而是精神性的,因此是有德性的。有德性的爱是有节制的,而非无节制的。后来阿伽通所谈的爱神,也突出了他的德性特征,他宣称爱神是公正的、审慎节制的,勇敢无比、智慧且友善。

《会饮篇》中关于爱情最著名的故事是阿里斯多芬讲的球形人的故事。球形人同时具备太阳和大地的特征,体力精力强壮,试图挑战诸神。宙斯下令将球形人剖成两半,变成两个人。由此我们每个人都是原先球形人的一半,但这样的二

---

① 柏拉图:《柏拉图对话集》,第 299 页。

图 19　科雷乔,《朱庇特与加尼米德》(*Jupiter and Ganymede*),布上油画,1531—1532 年,163 cm×70 cm,艺术史博物馆,维也纳

加尼米德是特洛伊的一位王子,其非凡的美貌令众神之王朱庇特都为之倾倒。有一天,朱庇特化身一只巨大的老鹰,将加尼米德带到了奥林匹斯山,使他成为自己的斟酒童和男性爱人。

三、西方观念史中的醉酒

足存在者从未停止过对它们失去的另一半的渴望,始终将找到另一半并与之团聚作为目标。因此爱欲就是"要恢复原始的整全状态",把分开的两人重新合成一个,回到我们的"原初自然"(archaia physis)。所以爱神最终的作用是,让我们"找到恰好和自己配合的爱人","会使我们还原到自己原来的整体",从而实现全人类的幸福之路。

球形人的故事已经隐含了爱是对于缺乏的一种追求,我们失去了另一半,所以通过爱情去寻找。这一点在接下来苏格拉底的发言中说得明白:爱神一定是对某某东西的爱,这种东西一定是他所欠缺的东西。苏格拉底说,爱神是丰饶神波若多醉后与匮乏神贝尼亚生下的孩子,所以他一方面总是在追求美好的东西,另一方面又始终处于匮乏之中,正因为有匮乏,所以才有爱和欲求。就智慧而言,爱神必定是爱智慧的,介乎"有智慧者和无知之徒之间"。众所周知,"爱智慧"(Philosophia)也正是"哲学"一词的原意。

当苏格拉底关于"爱"的发言结束之后,爱慕他的爱人阿尔西比亚德斯醉醺醺地出场了。美

图20 弗朗索瓦-安德烈·文森特(François-André Vincent),《阿尔西比亚德斯接受苏格拉底的教导》,布上油画,1776年,98.6 cm×131 cm,法布尔博物,蒙彼利埃

男子阿尔西比亚德斯的出场形象十分特别:"有个吹笛子的女人扶着他,还有几个跟随他的人一道。他在门口站着,头上带着一个用常春藤和紫罗兰编的花冠,缠着许多飘带"①,这正是传说中酒神的形象!阿尔西比亚德斯声称要把自己头上

---

① 柏拉图:《柏拉图对话集》,第339页。

三、西方观念史中的醉酒

的飘带拿下,缠到最智慧、最美好的人头上,于是他先把飘带给了阿伽通,但当他看到坐在另一边的苏格拉底时却大吃一惊,马上向阿伽通要回飘带,缠在了苏格拉底头上,为他加冠。在接下来阿尔西比亚德斯的言谈中,我们知道,这位"酒神"是爱慕苏格拉底的。在醉酒的状态下,他坦率地表述了对苏格拉底的爱,称颂苏格拉底圣洁的品德和形象。至此,会饮开头阿伽通的玩笑,让酒神来裁决谁更有智慧,就有了一个回应,苏格拉底当之无愧成了最有智慧的人。

最终这场会饮是被另一群酒徒冲散的,柏拉图写道:

> 突然有一大群酒徒来到门前,由于正好有人出去,大门开着,他们就一哄而入,坐下来喝酒。大家一阵喧哗,毫无秩序地彼此劝酒,喝得不可开交。①

原先参与会饮的几位因此走了,而整个故事的见证者阿里斯多谟则睡着了,当天亮鸡叫时他醒来,看到"只有阿伽通、阿里斯多芬和苏格拉

---

① 柏拉图:《柏拉图对话集》,第351—352页。

底还是醒的,用一个大杯子从左传到右喝着酒,苏格拉底和他们谈论着。"最后跟苏格拉底谈话的这二位也睡着了,而柏拉图笔下的苏格拉底是喝不醉的,"苏格拉底在这两个人入睡之后就站起来走了……他走进吕克昂,洗了个澡,像平常一样在那里度过了一整天,傍晚才回家休息"。①

荷尔德林充分关注到了《会饮篇》的这个结尾,在《莱茵河》中他专门歌颂了会饮中的苏格拉底:

> 每个人有自己的尺衡。不幸的承担是沉重的,但是幸福更为巨大。然而,有一个在酒会保持清晰头脑的智者,从中午直到深夜,又到第一缕曙光。

酒会中的苏格拉底是一个理性主义者,尼采认为,这里的苏格拉底是酒神的反面,他保持了高度的理性面相和冷静状态。但是尼采暗示,这种哲人的理性并不意味着生命,而意味着反对酒神的苏格拉底,这也是走向死亡的苏格拉底:

> 苏格拉底从容赴死,有如他在会饮时的

---

① 柏拉图:《柏拉图对话集》,第 352 页。

泰然心情——根据柏拉图的描写，苏格拉底总是作为最后一个豪饮者，在黎明时分泰然自若地离开酒宴，去开始新的一天；而那时候，留在他身后的是那些沉睡在板凳和地面上的酒友，正在温柔梦乡中，梦见苏格拉底这个真正的好色之徒呢。赴死的苏格拉底成了高贵的希腊青年人前所未有的全新理想：尤其是柏拉图这个典型的希腊青年，以其狂热心灵的全部炽热献身精神，拜倒在这个偶像面前。①

在《会饮篇》中，酒神和爱神成为反复出现的线索。会饮的参与者们喝着酒而谈论爱神，谈到了爱的本质，苏格拉底说，爱神是爱智慧的。最后装扮成酒神的阿尔西比亚德斯坦言了他对于苏格拉底的爱情，苏格拉底则是智慧的象征。柏拉图想暗示的是，酒神与爱神在"爱智慧"（哲学）上得到了统一。在会饮的场景中，酒神激发了爱情，激发了对于智慧的爱，哲学根底上源于这样一种涌动的情感。在这里，如果把爱理解为主体与对象的合一，那么爱神与酒神意象的统一

---

① 尼采：《悲剧的诞生》，第101页。

图 21 《骑着老虎的狄奥尼索斯—爱洛斯》(Dionysus-Eros Riding a Tiger),庞贝古城中"农牧神之家"(the House of the Faun)的一幅马赛克,约公元前 100 年,165 cm × 165 cm,那不勒斯国家考古博物馆,那不勒斯

在这幅马赛克壁画中,端着酒杯、骑着老虎的是小酒神狄奥尼索斯,但他却长着一对爱洛斯的翅膀,这一混合形象曾出现过多次。

三、西方观念史中的醉酒

还可以从人类学的意义上得到阐释,就是列维-布留尔所言的"互渗律"。在《原始思维》中他说道:"所有这些区别都被一种更强烈的情感湮没了:他们深深地相信,有一种基本的不可磨灭的生命的一体化沟通了多种多样形形色色的个别生命形式。"①

就像尼采在《偶像的黄昏》里所说的,在希腊人那里,"酒引发欲望",对一般人而言,醉酒让他们突破日常的思想范式和行为规范,就如阿尔西比亚德斯醉酒后可以当众大胆向苏格拉底示爱。罗素在他的《西方哲学史》中也提及了酒在古希腊的这方面意义:

> 巴库斯②在希腊的胜利并不令人惊异……。对于那些由于强迫因而在行为上比在情感上来得更文明的男人或女人,理性是可厌的,道德是一种负担与奴役。这就在思想方面、情感方面与行为方面引向一种反动。③

---

① 列维-布留尔:《原始思维》,丁由译,商务印书馆,1985年。
② 巴库斯(Bacchus)是罗马神话中的酒神,也是植物之神,对应希腊神话中的狄奥尼索斯。
③ 罗素:《西方哲学史》上卷,何兆武、李约瑟译,商务印书馆,1976年,第38页。

文明和理性要求我们明确差别、等级、规范，但主体的深层欲望则是要背离这些要求，作为精神活性物质的醉酒使得这些欲望和情感的宣泄成为可能。当然在理性主义者柏拉图那里，这种宣泄仍然有其明确的边界，从《会饮篇》一开始，众人就商定要节制饮酒，会饮的主人公苏格拉底自始至终保持着清醒状态，爱神所暗示的情感也有其节制。但是在柏拉图的思想体系中，灵魂中的理性成分根底上来自于完美的理念世界，而个体通达理念世界的途径则要通过精神上的迷狂（ecstasy）。"迷狂 ecstasy"的原意是"绽出"，出离原有的主体边界。

这种迷狂，亦即精神出离身体的状态、还有那种体验到生命与自然一体化的强烈情感，是对那种尚有节制的爱的情感的进一步加强，是在酒神祭典中通过醉酒实现的。柏拉图相信，这种精神上的迷狂是通往理念世界的途径，而希腊人往往借助于酒或类似于酒精的饮料，方得踏上这条道路。传说柏拉图曾参加过的厄琉息斯秘仪（Eleusinian Mysteries），它在距离雅典 12 英里左右的厄琉息斯举行。仪式的参与者们聚集在得墨式耳①神庙,喝下一种名为 kykeon（κυκεών）的饮料,便进入迷狂的状态。这种神秘饮料里含有大麦、薄荷和水,应该有某种致幻的效用。有研究者认为,是寄生在大麦中的麦角菌含有的可溶性致幻生物碱,导致了饮用了这种神秘饮料的信徒进入迷狂状态,这就是特定类型的醉酒状态。这也能够解释为什么得墨忒耳神庙要选址在厄琉息斯,因为厄琉息斯与拉里安平原（Rarian plain）相邻,这个平原是重要的大麦产地。

在黑暗的神庙里,仪式的参与者需要高呼:"我已然斋戒,我已然饮下 kykeon。"此后发生的事情柏拉图在《斐德若篇》中有过描述:

> 那时我们跟在宙斯的队伍里,旁人跟在旁神的队伍里,看到了那极乐的景象,参加了那深秘教的入教典礼——那深密教在一切深密教中可以说是达到最高神仙福分的;那时我们颂赞那深密教还保持着本来真性的完整……看那些完美的、单纯的、静穆的、欢喜的灵,沉浸在最纯洁的光辉之中让我们凝

---

① 得墨忒耳（Δήμητρα, Demeter）,古希腊象征农业、谷物和丰收的女神。

图 22 陶器，油罐，公元前 490—480 年，希腊国家考古博物馆，雅典

图案描绘了《奥德赛》中的场面。喀耳刻（Circe）是居住在埃埃亚（Aeaea）岛上的著名女巫，擅长制作草药与魔药。图中左边是被喀耳刻变成了半人半兽的受害者，右边是准备拔剑的奥德修斯，中间的喀耳刻正在 kykeon 中加入蜂蜜和她的魔法药剂。

视，而我们自己也是一样纯洁，还没有葬在这个叫做身体的坟墓里，还没有束缚在肉体里，像一个蚌束缚在它的壳里一样。①

在这些深密教中的神秘的酒神崇拜仪式上，随着酒精的刺激，意识的迷狂状态牵引着人们摆脱身体的束缚、通达永恒的理念，担保"永恒的生命，生命的永恒轮回"。柏拉图用"最纯洁的光辉"比喻这种永恒性，他的洞穴比喻同样也有对光的描述。如果我们要寻求这些哲学理念底下的经验的话，无疑在这里饮酒导致的神秘的迷狂状态是这种奇特经验的来源，包括脱离身体的永恒性以及对光的感知。迷狂状态可以使得心灵脱离身体得到提升，最终洞悉神圣的理念世界，这是哲学家的任务。因此柏拉图在《斐多篇》中说，这些酒神的信徒，亦即那些神秘主义者，才是"真正的哲学家"：

> 据他们说，多数人不过是举着太阳神的神杖罢了，神秘主义者只有少数。照我的解释，神秘主义者就是指真正的哲学家。我一

---

① 柏拉图：《斐德若篇》，载《柏拉图文艺对话集》，朱光潜译，人民文学出版社，1963年，第126页。

图23 雅克—路易·大卫,《苏格拉底之死》,布上油画,1787年,129.5 cm×196.2 cm,大都会博物馆,纽约
这幅画描绘了《斐多篇》最后的场景,苏格拉底在狱中与学生和朋友进行了最后的哲学交谈后,饮下毒酒从容赴死。

辈子尽心追求的,就是要成为一个真正的哲学家。①

众所周知,柏拉图以降的传统西方哲学旨在探寻人类的普遍理性,因此哲学的讨论对象首先

---

① 柏拉图:《斐多篇》,杨绛译,辽宁人民出版社,1999年,第21页。

三、西方观念史中的醉酒

需要有健全的知性能力和思维能力,比如康德哲学所谈的对象明确限定在"理性存在者",这个理性传统继承和形塑了柏拉图哲学的理性主义面相。而柏拉图的另一面相,即他所受酒神崇拜的影响和对迷狂状态的推崇在主流思想史中并没有产生重大的影响。因此在传统哲学中,诸如病态癫狂的、心智不健全的、未成年的儿童、醉酒状态等始终无法成为中心议题,在漫长的西方哲学史上,醉酒状态也始终作为一种随附性现象,只在传统哲学的框架边缘被谈及。尽管不入西方理性主义传统的主流叙事,但是哲学与迷狂状态的神秘联系始终以一种神秘主义的方式或隐或显地发生。如果说在柏拉图那里,迷狂状态是喝下 kykeon 而直接导致的,那么在古代晚期和中世纪这种迷狂更多是跟非主流的信仰经验有关。直至近代,醉酒才再次回到哲学的论域。

理性主义哲学家康德也喜欢饮酒,尤其偏爱葡萄酒。据说他每天中午都要喝一杯葡萄酒,也曾经在经常光顾的酒馆里喝醉而找不到自己在柯尼斯堡的住所。(但是康德从不喝啤酒这种贫民饮品,他相信啤酒是造成痔疮的原因之一,甚至是"致人死命的毒药"。)尽管如此,康德对于酒

图 24 贝尼尼,《圣特蕾莎的迷狂》,大理石圆雕,1645—1652 年,高 350 cm,圣马利亚·德拉·维多利亚教堂,罗马

特蕾莎声称她在迷狂中见到了天使,天使手持一支金箭,刺入她的心脏中,她顿时感到巨大的痛苦,同时又无比的甜蜜,浑身被上帝的爱充满。

三、西方观念史中的醉酒

图 25 彼得·勃鲁盖尔,《农民的婚礼》,布上油画,1566—1569 年,114 cm×164 cm,艺术史博物馆,维也纳
左边的男子(可能是新郎)正在倒啤酒。

及其引发的醉或迷狂状态却并不认同。在《从实用角度看人类学》一文中他就直接谈及过醉酒,在人与自然对立的二元框架下,康德将醉酒归于一种非自然的、人为的状态,是超出日常经验的状态。他说,醉酒是"一种跟自然相对的状态,无法根据经验法则来协调感官表征,此状态是过度消费某种饮品的结果","发酵的饮料,如葡萄

酒或啤酒，或者提炼的精华，如烧酒，这些物质都跟自然对立，是人造的"，仅此而已。①

但是哲学史上另一些人物则与古希腊和柏拉图的非理性面相一脉相承，形成了始终伴随着西方主流思想史的"支流"。这些非理性或者反理性的哲学家们认为，醉酒而引发的迷狂状态恰好是摆脱客观世界、进入纯粹思维层次的路径。英国化学家和自然哲学家汉弗里·戴维（Humphry Davy）是康德、谢林和先验唯心论的信徒，他专门描述过自己经历的一种迷狂的状态，并相信正是由此他得以进入唯心论的观念境界。

> 我失去了与外界事物的一切联系；一连串生动可见的影像在我的脑海中穿梭，以特殊的方式与文字联结在一起，从而产生了完全新颖的感知。我存在于一个理念的世界里，这些理念刚刚成形、相连……"除了思维，什么都不存在！"……

然而戴维随后写下的文字却表明，他的这种非自然状态和强烈的情感并不是过量饮酒造成

---

① 参看米歇尔·翁弗雷：《哲学家的肚子》，林泉喜译，华东师范大学出版社，2017年，第55—74页。

的，而是由于吸入了笑气，类似的情况在后来尼采和詹姆士的著作中都有论及。但是无论如何，那种源自古希腊的哲学与迷狂的神秘关联被他真切地体会到了。他描写道：

> 独自在黑暗和寂静中吸入它时，我常常产生浓烈的愉悦感，占据我的只剩下唯心的存在。①

2. 尼采的酒神

随着思想史从前现代向现代哲学转向，传统哲学的理性范畴被颠覆，酒神所象征的那个神秘主义"支流"得到了强化，我们对人的理解不再是启蒙时代的"理性存在者"，而是趋于更为丰富的知情意的集合体。从叔本华、尼采、弗洛伊德、威廉·詹姆士、柏格森和现象学运动开始，前意识的欲望、肉身、病态、梦境、醉酒这些原

---

① 参看 Peter SjÖstedt-H, "The Hidden Psychedelic History of Philosophy: Plato, Nietzsche, and 11 Other Philosophers Who Used Mind-Altering Drugs," https://www.highexistence.com/hidden-psychedelic-influence-philosophy-plato-nietzsche-psychonauts-thoughts/。

本不纳入传统哲学思考范畴的话题逐渐进入哲学家的视野，成为富有思想内涵的论题。在这些新论域中，酒和药物作为精神活性物质起到了一些独特的作用，一方面引发了许多哲学讨论的话题，同时为一些激进的思想家提供创造力。对于后黑格尔时代的哲学家来说，对抽象理性的批判成为他们在一定程度上的共识，因此诸如作为主体精神力量的意志、喷薄而出的生命力才被看作是世界和人生的根本力量。在此意义上，强化意志、宣泄情感、激发生命活力就成了一条通达现代意义上的形而上世界的路径，而精神活性物质为此提供了便利。叔本华就坦言："通过酒或鸦片，我们可以加强和大大提高我们的精神力量……"。

在现代哲学中，关于酒神的讨论主要出现在尼采那里。生命、权力意志、艺术都是尼采哲学中的核心词，而他关于酒神的论述和以诗意语言描述的酒神形象，赋予了醉酒状态一种无与伦比的思想意义，具有强大的批判性。这种批判性可以从我们的直接经验中得到验证，醉酒状态首先令主体与原先亲熟的人和事拉开距离，由此具备了一种出离日常经验的姿态，这是批判展开的前提。尼采的酒神意象和醉酒状态的具体内涵至少

三、西方观念史中的醉酒

包含了如下这些方面:第一,酒神狄奥尼索斯的隐喻,意味着对于个体强大生命力的回归和权力意志的充盈;第二,酒神精神象征着作为生命整体的艺术创作,生活艺术不仅是对科学的批判,同时也意味着对"为艺术而艺术"的传统艺术观的克服;第三,作为与日神精神相对的状态,醉酒状态是超越理性和日常规则、突破个体的忘我状态;第四,从酒和酒神崇拜的隐喻而言,醉酒状态是个体与他者和世界的融合状态;第五,酒神精神和醉酒承接了一种与传统理性主义不同的哲学传统,构成 20 世纪哲学版图中重要的组成部分。

在《查拉图斯特拉如是说》的一开篇,尼采就用一个酒的比喻来描述即将下山的先知,酒如同智慧和幸福,随着下山的查拉图斯特拉向外流溢,尼采的哲学由此展开:

> 祝福这只将要溢出的酒杯吧,使其中的酒水金子一般流溢,把你的幸福的余辉洒向四方!
> 看哪!这只杯子又想要成为空的了,查拉图斯特拉又想要成为人了。[1]

---

[1] 尼采:《查拉图斯特拉如是说》,孙周兴译,载《尼采著作全集》第四卷,商务印书馆,2017 年,第 6 页。

图 26　拉斐尔,《雅典学院》(局部),湿壁画,1509—1511 年,500 cm×700 cm,教皇宫,梵蒂冈

手拿星球仪面向画外的是琐罗亚斯德(Zoroaster),也即查拉图斯特拉(Zarathustraza),是琐罗亚斯德教(即拜火教、祆教)的创始人。

(1) 生命与艺术

用锤子从事哲学的尼采是借助酒和药物刺激精神的先锋。从《悲剧的诞生》开始,他就重塑了古希腊酒神狄奥尼索斯的形象,这个形象之后贯穿了他一生的哲学思考。在尼采笔下,酒神首

图 27 《贝尔维德尔的阿波罗》（*Apollo of the Belvedere*），大理石圆雕，120—140 年，高 224 cm，梵蒂冈博物馆，梵蒂冈

醉的哲学

图 28 《狄奥尼索斯》，大理石圆雕，2 世纪，高 139 cm，卢浮宫，巴黎

三、西方观念史中的醉酒

先是一个批判性的力量,批判日神的理性形式,批判苏格拉底和科学乐观主义,批判基督教弱化生命的道德哲学。在肯定性方面,酒神的形象则象征着生命力、创造性和艺术。

与尼采的酒神精神一脉相承的,他对艺术和生命的探讨在他的哲学中始终具有核心地位,在《悲剧的诞生》中他把思想的使命表述为:"用艺术家的透镜看科学,而用生命的透镜看艺术。"[①]尼采整体思想的出发点是"上帝死了",因为上帝死了,所以人的生命成为唯一的存在,"心灵、气息和此在被设定为相同的存在。生命就是存在:此外没有什么存在"[②],没有超越生命的存在,有的只是生命及其本能。尼采的生命不是抽象的普遍的生命概念,而是有气息的、活着的生命,是具体的、变化多端的主体生活,这是对执着于永恒不变的实体和本质的传统本体论和形而上学以及认识论的颠覆。

尼采说,一切永恒之实存"乃是受生成之苦

---

① 尼采:《悲剧的诞生》,第5—6页。
② 尼采:《1885—1887年遗稿》,孙周兴译,载《尼采著作全集》第十二卷,商务印书馆,2014年,第11页。

者的虚构"①。在他看来,人是生命整体中的一部分,流动的实际性的生命才是唯一的存在。"尽管现象千变万化,但在事物的根本处,生命却是牢不可破、强大而快乐的"②。尼采所说的"存在"并非传统形而上学讲的超越时间的永恒存在,而是时间之流中的活的生命:"存在——除生命外,我们没有其他关于存在的观念。——某种死亡的东西又如何能够存在呢?",因此"存在是生命概念的普遍化"③。

基于此,他进一步将生命存在的内在动力规定为"权力意志"。在权力意志的支配下,生命自我创造,自我毁灭,自我支配,这种"永恒轮回"的方式就是生命的艺术性。孩子在游戏中创造又毁掉自己的作品的重复行为,就是生命存在的象征,也是最原始的"活动艺术"。尼采反对亚里士多德"哲学乃是发现真理的艺术"的观点,而倾向于伊壁鸠鲁"哲学是一种生活艺术"

---

① 尼采:《1885—1887 年遗稿》,第 135 页。
② 尼采:《悲剧的诞生》,第 58 页。
③ 尼采:《1885—1887 年遗稿》,第 179、418 页。

三、西方观念史中的醉酒

的看法。①

生命的展开方式就是艺术,"艺术世界观"就是"直面生命"②,尼采勾勒的酒神形象就同时具有生命和艺术的双重面相。由权力意志推动的艺术学不是传统意义上的感性学(美学),而是关于生命的学问,"艺术乃是生命的真正使命,艺术乃是形而上学活动"③。由此出发,尼采立场鲜明地反对传统艺术学中将艺术与生命分离的态度,"为艺术而艺术"一方面固然是艺术的非道德化倾向、反对艺术隶属于道德,"让道德见鬼去吧!",但另一方面,这一理念的鼓吹者宣称艺术只以艺术自身为目的而别无其他目的和意义,实际上是"对实在的诽谤",将艺术与现实生活对立起来,仿佛艺术是艺术、生命是生命,这偏离了狄奥尼索斯的召唤,尼采将之讥讽为"一条咬住自己尾巴的蠕虫"。他激烈地反问道:

---

① 尼采:《1885—1887年遗稿》,第412页。同样的话也出现在尼采:《1887—1889年遗稿》,孙周兴译,载《尼采著作全集》第十三卷,商务印书馆,2014年,第240页。
② 尼采:《1887—1889年遗稿》,第295页。
③ 同上书,第276页。

> 艺术家的至深本能是指向艺术,还是指向艺术的意义即生命,指向一种生命希求?——艺术是生命的巨大兴奋剂:怎么可以把它理解为无目的、无目标、理解为为艺术而艺术呢?①

与偏向形式化的、静止的、高度理性的日神相比,酒神的形象则意味着质料性的、情感化的、流动的生命。这样一种丰富的、变动不居的生命才是人的存在整体,它可以以艺术的方式呈现出来,但是这种呈现植根于现实生活之中,二者缠绕在一起。如果要将艺术与现实生活割裂开来,甚至以艺术的名义攻击现实,追求所谓纯粹的艺术,这就在根本上背叛了酒神精神,误解了生命,也误解了艺术。对此尼采批评道:

> "为艺术而艺术"——这是一个同样危险的原则:人们借此把一个虚假的对立面带入事物之中,——结果就是一种对实在的诽谤。……如果人们把一种理想与现实分离开来,那人们就会排斥现实,使之贫困化,对

---

① 尼采:《偶像的黄昏》,李超杰译,载《尼采著作全集》第六卷,商务印书馆,2016年,第158页。

三、西方观念史中的醉酒

之进行诋毁,归根到底,艺术、认识、道德都是手段:人们并没有认识到其中含有提高生命的意图,而是把它们联系于一种生命的对立面。①

在此,尼采的批判所指向的是康德提出的审美的无利害性和纯粹性。他要批判那种以外在的观察家角度思考艺术的理性方式,因为这种方式恰好是把艺术与生活对立起来的方式。他说,以康德为代表的哲学家们"不是从艺术家(创作者)的经验出发去考察美学问题的,而只是从'观看者'出发思索艺术和美",他们习惯用哲学定义的方式谈论艺术和美,却忽略了"伟大的个人的事实和经验","正如康德对美所下的著名定义中,缺乏较为精细的自身经验,这里包藏着一个很大的基本错误"。② 观察家的外在角度将审美过程中大量的个人经验和主动性抽象掉了,这就是康德意义上纯粹的"审美主体",这个主体的审美活动被说成与独特的个人经验无关,与功利无关,与感性欲望无关,与目的意志无关的活

---

① 尼采:《1885—1887 年遗稿》,第 656 页。
② 尼采:《论道德的谱系》,赵千帆译,载《尼采著作全集》第五卷,商务印书馆,2016 年,第 429 页。

动。在尼采看来，这样一个"观察者"（审美主体）就不是一个真实的生命存在，而只是"一条体内空空的蛔虫"。他坚持认为一切艺术与审美活动都是以酒神形象象征的生命主体之创造与权力意志之活动，真正的审美活动必然包含着全身心的陶醉与有意无意地支配、占有对象的权力冲动，而非置身事外的被动接受。因此，尼采断言置身于生活现实之中的美和艺术是受权力意志推动的，"艺术被视为反对所有否定生命的意志的唯一优越的对抗力量"①，这正是酒神的力量：

> 一方面，艺术是旺盛的肉身性形象和愿望世界的溢出和涌流；另一方面，艺术也通过提高了的生命的形象和愿望激发了兽性功能；——一种生命感的提升，一种生命感的兴奋剂②。

艺术激发人的"兽性功能"，是"生命感的兴奋剂"，这个描述也完全可以用到酒上。在尼采看来，酒神精神和艺术精神几乎是合一的。他正是从倡导生命力和艺术的酒神精神出发，批判

---

① 尼采：《1887—1889年遗稿》，第273页。
② 同上书，第448页。

三、西方观念史中的醉酒

图 29　卡拉瓦乔，《酒神巴库斯》，布上油画，1596 年，95 cm×85 cm，乌菲齐美术馆，佛罗伦萨

康德式的从受众的角度研究审美经验和艺术的方式,将之讥为"女性美学"(Weibs-Ästhetik)①。离开了酒神的召唤,就缺少了生命的主动维度,缺失了艺术家的维度,根本上错失了艺术的本质。与此相反,尼采认为,以酒神为象征的真正的艺术其实是"人身上的一种自然力量"②,它不是理性筹谋算计的,而根本上是艺术家的本能活动,是主体自然涌现的主动行动,置身于生活中、受到权力意志支配的艺术现象就应当是"男人现象"和"艺术家现象"。以酒神为隐喻的艺术是生活的艺术,生命是求权力的意志,求权力的意志是积极创造的意志,积极创造的意志是艺术家的意志而不是被动的接受者的意志,是男人的意志而非女人的意志。

这种基于生命的主动维度的艺术理解,即艺术家作为主动给予者的美学最终要说明的就是:审美不是纯粹的被动接受活动,而是主动的创造活动。尼采相信:"艺术家……是创造性的,因为他们其实是在改变和创造;他们不像认识者,

---

① 尼采:《1887—1889年遗稿》,第424页。
② 同上书,第274页。

三、西方观念史中的醉酒

后者听任万物如其所是地保持原样"①,因此"人们不应该要求给予的艺术家变成女人——要求他们去'接受'……"②。艺术家这种主体创造性尤其体现在具有神秘色彩的艺术家天才和艺术创作的灵感,他们在主动创造艺术品、而不是被动的接受。在这背后起支配作用的就是生命整体、活生生的自我和身体。这个超越个体存在的、具有整全感的生命整体,就是酒神所象征的东西,这才是个体自我和世界的真正创造者和主宰者:

> 这个自身(Selbst)总是倾听和寻找:它进行比较、强制、征服、摧毁。它统治着,也是自我(Ich)的统治者。……在你的思想和感情背后,站立着一个强大的主宰者,一个不熟悉的智者——那就是自身。它寓居于你的身体中,它就是你的身体。③

酒神所意味的生命的整体,具体而言首先指的就是身体和大地。正是在这个意义上,尼采借查拉图斯特拉之口对那些"身体的蔑视者"进行

---

① 尼采:《1885—1887年遗稿》,第416页。
② 尼采:《1887—1889年遗稿》,第424页。
③ 尼采:《查拉图斯特拉如是说》,第45页。

了批驳，代表着生命的身体"说起话来更诚实也更纯粹：而且它说的是大地的意义"①。由此他与叔本华一脉相承，开启了20世纪的身体哲学。就此而言，海德格尔批评尼采建立的是一种感性的形而上学，因此是颠倒了的柏拉图主义，这并不确恰，毋宁说尼采是借助艺术指向一种超越个体存在的、具有完整生命意义的狄奥尼索斯，从而超越了柏拉图主义的二元对立——艺术的世界观就是反形而上学的世界观。艺术所指向的生命整体保证了人和世界本体之间的沟通，具有自由的属性，在艺术创造中自我不断被提升、又不断被超越。因此，"艺术的要义在于它能完成此在、带来完美性与丰富性。艺术本质上是对此在的肯定、祝福、神化……"。② 更进一步，尼采甚至说，"世界本身无非是艺术"，"世界乃是一件自我生殖的艺术作品"。③

酒神所象征的艺术和生命的最核心要义是自由，这里的自由乃是一种生存论意义上、而非认识论意义上的自由。自由就是无拘束地创造，创造新价值，"为自己创造自由""对义务的神圣否

---

① 尼采：《查拉图斯特拉如是说》，第43页。
② 尼采：《1887—1889年遗稿》，第291页。
③ 尼采：《1885—1887年遗稿》，第141页。

定",进而"为自己取得创造新价值的权利"。① 艺术的自由就是"反对艺术中的'目的'的斗争,始终就是反对艺术中的道德化倾向、反对使艺术隶属于道德的做法的斗争。自由的艺术意味着:'让道德见鬼去吧!'"② 在《查拉图斯特拉如是说》开篇谈到的"三种变形"中,尼采指出,能够创造新价值并获得真正自由的是小孩,小孩是"一个新开端,一种游戏,一个自转的轮子,一种原初的运动,一种神圣的肯定"③,是对原初完整生命的肯定,是真正自由的境界。

在尼采看来,作为酒神特质之呈现的艺术活动,本质上永远追求生命的自由,同样地,哲学、宗教、政治等其他领域也都是通往自由生活的存在方式。在这个意义上,我们可以把它们都视为广义上的"生活艺术"(Arts of Life),视为进阶艺术的途径。甚至科学根底上也将成为艺术,"科学将不断走向自己的极限,必定突变为艺术——原来艺术就是这一力学过程所要达到的目

---

① 尼采:《查拉图斯特拉如是说》,第32页。
② 尼采:《1885—1887年遗稿》,第460—461页。
③ 尼采:《查拉图斯特拉如是说》,第32页。

的"①。指向生活整体的艺术乃是人的基本生存方式,是生活的最终目的,艺术比科学理性更有力,比真理更神圣、更有价值。最终,"艺术拯救人类,生命也通过艺术拯救他们而自救"②,因此"人人都是艺术家"。尼采也正是在这个意义上推崇歌德,认为"他把自己置身于整体性视域之中;他不脱离生活,他置身于其中……他所要的是整体"③。这一生命的整体就是酒神所象征的,狄奥尼索斯是"生命的丰盈"。

(2)酒神的力量

在尼采的论述里,酒神象征着充盈的生命力和自由的艺术创作,这一象征意味来自于狄奥尼索斯这一神祇在古代的双重含义:一方面,最原始的酒神来自东方世界的狄奥尼索斯崇拜,这是一种对原初生命的崇拜,也是残暴、野蛮、荒淫甚至血腥的低级本能崇拜,是"感性和残暴"的。尼采称之为"狄奥尼索斯的野蛮人",从希

---

① 尼采:《悲剧的诞生》,第63页。
② 同上书,第28页。
③ 尼采:《偶像的黄昏》,第190页。

三、西方观念史中的醉酒

腊、罗马到巴比伦,酒神的节日"核心都在于一种激情洋溢的性放纵","在这里,恰恰最粗野的自然兽性被释放出来"①;另一方面,狄奥尼索斯则是进入希腊之后为希腊文明所吸收并作为奥林匹斯十二主神之一的酒神,即与日神阿波罗相对并受阿波罗改造的狄奥尼索斯,这是"狄奥尼索斯的希腊人",酒神和日神达成和解,这才产生了富于理想主义的希腊文化和艺术。在尼采那里,带着神秘色彩的酒神所直接指向的是这样一种回归生命、反对禁欲和传统道德的态度,是实现快乐的力量。尼采认为,酒神精神首先是希腊人专有的,在现代生活中则缺乏这种酒神的力量:

> 这整个常常的巨大的幸福的光和色彩的阶梯,希腊人用诸神之名命名之,即狄奥尼索斯——希腊人做此命名时,带着一个被接纳入某种神秘之中的人的感恩的战栗,带着种种谨慎和虔诚的沉默……"现代理念"的奴隶们究竟从哪里取得搞一场狄奥尼索斯庆典的权利啊!②

---

① 尼采:《悲剧的诞生》,第28页。
② 尼采:《酒神美学——尼采艺术哲学经典文选》,孙周兴编译,商务印书馆,2020年,第238页。

图 30　托马斯·库图尔（Thomas Couture），《罗马人的堕落》，布上油画，1847 年，472 cm×772 cm，奥塞美术馆，巴黎

酒神的力量首先意味着永恒的创造性，酒神"或许可以被解释为生产性的和毁灭性的力量的享受，被解释为持久的创造"①。正是与作为精神活性物质的酒相类比，尼采把艺术和生命的关系概括为："无论在心理学上还是在生理学上，艺术都被理解为伟大的兴奋剂，都被理解为永远力求生命、力求永恒生命的东西……"②。这种永恒

---

① 尼采：《酒神美学——尼采艺术哲学经典文选》，第 246 页。
② 尼采：《1887—1889 年遗稿》，第 277 页。

三、西方观念史中的醉酒

性并非超越个体生命,而是在个体生命之中的,生命的动力只能在现实的个体中去寻找。在这个意义上看,尼采就是一位完全的个人主义者,在他看来,每个人都是一个自在的世界,一个独一无二者,他无法忍受普遍人性和普遍道德。以人为核心,自由的人自己规定自己的目标,他拥有理念之物,而不是被理念之物所占有——尼采的信徒施泰纳正是由此点出发创立了大名鼎鼎的"人智学"(Anthroposophy)。

酒神的力量意味着那种原始的素朴性,自然的兽性快感,由此成为精神的"兴奋剂"提升我们的生命感,形成审美状态。尼采说,这种力量是我们人生的"第一推动力":

> 酒神的力量是一种原始力量,是 vigor(生命力,精力),是生命力充盈的状态,这是人生此在的"第一推动力"(primum mobile),这种完满性和丰富性来自于"自身权力感的极大扩展","是超越所有边缘的必然溢出","是旺盛的肉身性向形象和愿望世界

的溢出和涌流"。①

酒神的力量还意味着流变的生命中的"易逝性",也就是说,酒神的创造性价值并非永恒不变、一劳永逸的真理,而是发生性的、短暂性的价值,尼采也曾把狄奥尼索斯称为"诱惑的神",开启了生命的偶然性,但同时也充满了希望:

> 那个蛊惑之神……心灵的天才,经他触碰之后,每个在继续上路时都会更加富有,而且不是受了恩赐或者震撼,不是像为了意外之财而庆幸或者紧张,而是自己自在地富有了,自己比之前更新鲜了,被打开了,在解冻的风中披离荡漾,也许更不安稳了,更加轻柔、更加脆弱和零碎,但满是希望,那些尚且莫名的希望,满是新的意志和奔流,新的异志和回流……不错,不是别的神,就是狄奥尼索斯神,那个伟大的歧异者,和蛊惑之神。②

---

① 尼采:《酒神美学——尼采艺术哲学经典文选》,第259页。
② 尼采:《善恶的彼岸》,赵千帆译,载《尼采著作全集》第五卷,第298—299页。

三、西方观念史中的醉酒

酒神的力量之所以蕴含发生性、短暂性的价值,其根基在于他所象征的动态的生命之流,它不受任何约束和阻碍,力图冲破一切限制。尼采相信,对于酒神的崇拜源自人们身上的酒神激情(Dionysische Regungen),这种激情通常在春天复

图31 提香,《酒神的狂欢》,布上油画,1526—1526年,175 cm×193 cm,普拉多美术馆,马德里

苏。在春天举行的宗教祭典中,在酒的催化下,一切在日常状态下有序的东西都被瓦解为混乱无序的碎片,狄奥尼索斯的崇拜者们由于醉酒会陷入狂欢,迷狂与陶醉充斥着着每一位狂欢者的心智。狄奥尼索斯这位解救之神将万物从一切束缚中、尤其是从它们自身的束缚中解脱了出来。对于个体而言,在这个醉酒的崇拜仪式中失去个体自我的主体统一性,导致"自身遗忘状态",亦即"个体化原则(principii individuationis)的崩溃"。其结果首先是人与人之间的界限被打破,实现了重新团结,奴隶、自由人和贵族"融合为同一支酒神合唱队"。在《悲剧的诞生》中,尼采说道:

> 用醉来加以类比是最能让我们理解它的。无论是通过所有原始人类和原始民族在颂歌中所讲的烈酒的影响,还是在使整个自然欣欣向荣的春天强有力的脚步声中,那种狄奥尼索斯式的激情都苏醒过来了,而在激情高涨时,主体便隐失于完全的自身遗忘状态。①

---

① 尼采:《悲剧的诞生》,第24页。

三、西方观念史中的醉酒

同时,酒这种精神活性物质来自粮食,因此代表着大地和丰收,洋溢着生命力。在古希腊神话中,酒神的原始含义就是自然与丰产。崇拜者在群体性的宗教祭典中通过醉酒,个体性被吸纳进了生命力量更大的实在,也就是尼采所说的"生命海洋",个体与宏大的生命在放纵的激情中实现了统一,人与自然间的界限也消失了,自然与人类实现了和解。这种通过酒神的力量达致的人与世界、人与自然的合一状态在海德格尔那里也曾被提到,晚年在《乡间路上的谈话》中他曾谈到"聚饮"(Getränk)的概念:"饮料逗留于聚饮中。聚饮指的是欢饮时提供饮料的可饮者与可饮的被饮者的共属一体",这是美酒和人的合一,"饮者是人……聚饮逗留于美酒中,美酒逗留于葡萄中,葡萄逗留于大地上,逗留于天空的赠礼中"[①]。而李白在他的《月下独酌四首》中也有诗云:"一樽齐生死""醉后失天地""三杯通大道,一斗合自然",表达了他在醉酒后"忘我"、与自然合一的境界,这就是跨越中西的酒神精神,是人类心灵普遍特质的反映。

---

① 海德格尔:《乡间路上的谈话》,孙周兴译,商务印书馆,2018年,第128页。

图32 贝里尼与提香,《诸神之宴》,布上油画,1514年由贝里尼创作,1529年由提香完成,170.2 cm×188 cm,华盛顿国家美术馆,华盛顿

画面的右边,生殖之神普里阿普斯(Priapus)正撩起洛提丝(Lotis)的裙子,洛提丝是一个宁芙。但是西勒努斯的驴子突然叫起来,吵醒了洛提丝,同时也让众人注意到普里阿普斯的丑行。

三、西方观念史中的醉酒

酒神的力量还意味着酒神与日神的对抗。尽管尼采钟情于酒神,但在他那里酒神的力量也不是压倒性的,而是始终与日神对抗平衡,这是一个永恒的争执事件。在《悲剧的诞生》中,尼采把日神和酒神两种本能设想为"梦(Traum)和醉(Rausch)构成的两个分离的艺术世界",他说:"在这两种生理现象之间,可以看出一种相应的对立,犹如在阿波罗与狄奥尼索斯之间一样。"[①] 梦境和醉酒代表了完全不同的两种进路,前者是日神,是造型艺术,后者是酒神,是非造型艺术。而日神和酒神并不是互不干涉的两条平行路线,而是相互牵制平衡、既对抗又互补的力量。那种意味着原初生命力的酒神力量并不是肆意冲动而无节制的,否则这种力量只能通往死亡。尼采相信,艺术时代所能依靠的美学价值,是出于酒神和日神两个原则的对抗和融合,海德格尔后来将之表述为"大地与世界的争执"。阿波罗精神"追求简化、显突、强化、清晰化、明朗化和典型化之一切的欲望",欲求"完美的自为存在",然而作为"美好形式的永恒性",阿波罗是"贵族式的立法",是"欺瞒",因而是造

---

① 尼采:《悲剧的诞生》,第 20 页。

梦；而狄奥尼索斯精神则与生命特征紧密结合，他是"一种追求统一的欲望，一种对个人、日常、社会、现实的超越……一种对生命总体特征的欣喜若狂的肯定，对千变万化中的相同者、相同权力、相同福乐的肯定；伟大的泛神论的同乐和同情……"①。

阿波罗神是秩序、节制和形式的象征，他代表着"个性化的原则"，这种力量控制和约束着生命的动态过程，以便创造出有形的艺术作品或得到控制的人格特征。因此日神所象征的是表象艺术，制造一个对象化的艺术品，赋予它美和永恒的价值。阿波罗这种赋形的力量则在古希腊的雕塑中找到了它的最高表现。而狄奥尼索斯是意志的艺术，将世界意志变为可见的肉身化，艺术家投入其中，自身成为艺术品。在这个状态中，艺术家处于忘我的状态，让自身归于生活整体和世界意志，这就是酒神的力量，由这一力量形成的放纵的激情在某些类型的音乐中得到最好的表现。狄奥尼索斯精神就是自由的精神，自由的精神就是按照其本性（自然 Natur）行动，自由精

---

① 尼采：《1887—1889 年遗稿》，第 271—272 页。

三、西方观念史中的醉酒

图33 狄奥尼索斯剧场（Theatre of Dionysus），位于雅典卫城南侧，建于公元前6世纪，起初是崇拜"解放者狄奥尼索斯"（Dionysus Eleuthereus）的圣所。

神的推动力就是生活的本能。

在尼采看来，生命的酒神面相和日神面相并非绝对的势均力敌，而是酒神的力量占有优先地位。酒神占据着生命之流，他就是个体化的时间，只有他才能冲破一切规则和界限，才能将一切更新。如果离开了酒神，日神就会越来越教条化，所以二者必须结合。酒神是艺术的原动力，

109

让主体敞开自身，与自然融合，日神是调整它的形式，这就是美学方案的展开。尼采认为，在我们的时代，否定生命的宗教信仰不能给出一个令人信服的对人类命运的洞见，而古希腊的这个方案，也就是美学方案，能够为我们的生存提供一个切实可行的行为准则。

尼采的酒神建构了西方思想史中一个非主流的传统，即从古希腊厄琉息斯秘仪上的迷狂开始，经过中世纪的神秘主义，到近世关注身体、情感、个体生存的思想潮流。在这个思想史"支流"背后矗立的就是酒神的力量。突破既有的主流思想传统和规范形式，需要精神活性物质的介入，诱发精神的自我张扬。当然在此醉酒状态只是精神活性物质作用后果的可能性之一，在物质史的层面上，有很多研究已经清晰地指出，尼采求助的很可能不仅仅是酒精，还有迷幻药物，特别是鸦片和氯醛，由此出现了大量的幻觉和幻听。他在写给莎乐美的信中曾经提到过：

> 亲爱的露和瑞①：……你们俩，把我视作一个被长期的孤独完全弄糊涂，时刻头痛的

---

① 露和瑞，指的是尼采好友露·安德烈亚斯-莎乐美（Lou Andreas-Salomé）和保罗·瑞（Paul Rée）。

三、西方观念史中的醉酒

半疯的人罢。我之所以产生了对于事物之状态的这一敏锐洞察,想来是在绝望中吸食了大剂量鸦片的缘故。但我并没有因此失去理智,反而似乎终于寻得了理智。①

对哲学家来说,"酒神的力量"更是一种隐喻,而并非单指酒后的迷狂,或者说,作为后果的迷狂状态才是最值得重视的,由此精神可以通达一种形而上学的特殊境界。至于这种状态究竟是通过酒、还是其他精神活性物质而达到的,似乎并不重要。在尼采之后,威廉·詹姆士在他的《宗教经验种种》中对迷幻剂引发的迷醉状态和形而上学体验的关系更加直言不讳:

> 一氧化二氮和醚,尤其是前者……很容易引起神秘意识。吸进这种气的人,似乎觉得有无限深远的真理披露给他……在一氧化二氮的昏迷状态中,人可以得到一种真正的形而上学启示。②

---

① 参看 Peter SjÖstedt-H, "The Hidden Psychedelic History of Philosophy"。
② 詹姆士:《宗教经验种种》,第 381 页。这里的一氧化二氮,就是笑气。关于詹姆士论述神秘经验和醉酒经验,下文还有专节论述。

詹姆士因此相信,由醉酒或吸食笑气引发的迷醉状态令我们更深刻地获得一种一元论的洞见,这种一元论带有黑格尔哲学的意味,因而由此我们能够更好地理解黑格尔的哲学。换句话说,詹姆士相信,黑格尔的哲学观念就是从诸如醉酒的神秘体验中来的。

> 黑格尔整个的哲学,为完满的存在及其纳入自身的一切"他者"(otherness)所支配,黑格尔的读者中,谁会怀疑,这种感受必定来自他意识中的这类神秘情调凸显(大多数人的这种情调之中压在阈下)?这个观念完全属于神秘层面的特征,阐明它的任务肯定是由神秘情感分配给黑格尔的理智。[①]

当代哲学家们在这条追随酒神的道路上越走越远,从詹姆士和柏格森开始,荣格、本雅明、马尔库塞、萨特、福柯都论述过服用精神致幻药物导致的奇特精神体验。在某种意义上可以说,这条道路延续了从毕达哥拉斯到埃克哈特大师、到库萨的尼古拉这条非理性的神秘主义道路,甚至将之推到极端。在现代思想语境中,这种类似

---

① 詹姆士:《宗教经验种种》,第382页。

三、西方观念史中的醉酒

图34 古斯塔夫·克里姆特,《哲学》,1900—1907年,维也纳大学礼堂天顶画,由于被认定为"色情"而未能在天花板展示,后毁于战火。

于醉酒的神秘主义状态开启了一种与日常情形迥然不同的意识和思想境界,显示了现代哲学错综复杂的精神面相。

3. 马克思、恩格斯与酒

在他们所生活的时代显得特立独行的马克思和恩格斯也格外热爱美酒。酒不仅是他们生活中的必需品,甚至还成为他们写作的话题和素材。

马克思的哲学立足于描绘和分析日常生活,对酒的描述就是其中重要的部分。革命导师对于酒和酒文化的熟知可能从他出生之时就被注定了。他出生在普鲁士的莱茵省,那里是德国著名的葡萄酒产地。酿酒葡萄的栽种是全球贸易流通的一个例子。最早在公元前 6000 至 4000 年间,今天里海和黑海之间的多山地区就有了人类最早的葡萄栽种历史,到了公元前 15 世纪,地中海东部和爱琴海一带,也就是希腊地区的葡萄酒产量已经颇具规模,到了公元后,酿酒业成为地中海地区的重要产业,逐渐向欧洲其他地区传播。基

三、西方观念史中的醉酒

督教形成后,葡萄酒与基督教的关系变得十分紧密,它被看作是耶稣基督在十字架上受难的象征,具有神圣意味,在《圣经》中提到葡萄酒的次数有 165 次。自古以来欧洲贵族和上层社会对于葡萄酒的喜好十分普遍,甚至作为常见饮料替代了饮用水,因为欧洲古代的饮用水污染是常见现象,但酒相对清洁,因此我们不难理解,为什么在《圣经》中有撒玛利亚人用酒而非水来为受伤的旅人清洗伤处的故事。15 世纪之后随着欧洲人的殖民步伐,葡萄栽种和葡萄酒的酿造被带到了南美洲、北美洲、非洲和大洋洲。

在《资本论》中,马克思曾经用"葡萄酒在酒窖里发酵和存放时间"来论述"生产时间"的问题,这足以说明他对于酒的喜爱以及对制酒产业的熟悉。1866 年,马克思在写给他女婿保尔·拉法格的父亲弗朗斯瓦·拉法格的信中,有这样一段话:"衷心感谢您寄来的葡萄酒。我和路德老头一样甚至认为,不喜欢葡萄酒的人,永远不会有出息(永远没有无例外的规则)。"

醉的哲学

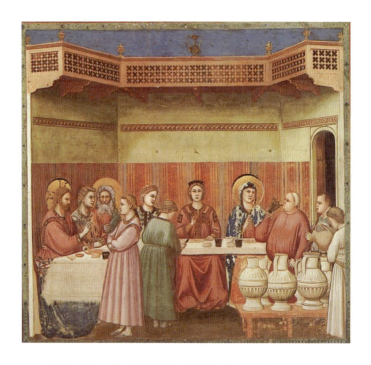

图35 乔托,《迦拿的婚礼》,湿壁画,约1035年,185 cm×200 cm,斯克罗维尼礼拜堂,帕多瓦

斯克罗维尼礼拜堂以乔托留下的绚烂的湿壁画闻名,从四壁到天花板,这些湿壁画几乎覆盖了礼拜堂所有的内部空间。此幅描绘了《圣经》中的著名场景:耶稣在婚礼上变水为酒。

三、西方观念史中的醉酒

图36 丁托列托,《最后的晚餐》,布上油画,1592—1594年,365 cm×568 cm,圣乔治—马焦雷教堂,威尼斯

最后的晚餐是《圣经》中最重要的场景之一,耶稣在被钉十字架的前一天晚上,与门徒共进逾越节的晚餐。席间,耶稣拿出饼来分给门徒,说这就是他的身体,又拿出酒来分给门徒,说这就是他的血。

在马克思和恩格斯两位革命导师的伟大友谊中,酒起着不可替代的重要作用。据于光远先生统计,在马克思和恩格斯的通信中,谈论到日常喝酒的就有四百多处。此外,他们还专门在理论层面上讨论过普鲁士政府的烧酒政策和英国啤酒工人罢工等内容。在二人的交往中,马克思常常受到恩格斯的周济,除了金钱之外,恩格斯馈赠

醉的哲学

图37 伦勃朗，《好撒玛利亚人》，板上油画，1633年，24.2 cm×19.8 cm，华莱士收藏馆，伦敦

"好撒玛利亚人"的典故源于《路加福音》中耶稣讲的寓言：一个犹太人遭强盗打劫，被剥光衣服打至半死扔在路边，祭司和利未人路过看到就走过去了，唯有一个撒玛利亚人看到就动了慈心，上前用油和酒倒在他的伤处，并用自己的牲口将其带到旅店照看。

在耶稣的时代，撒玛利亚人不被犹太人接纳，被犹太人认为是不洁的旁支。耶稣用这个寓言阐述了何为真正的"爱邻如己"。

三、西方观念史中的醉酒

给马克思最多的就是酒。1859 年圣诞节前,恩格斯从曼彻斯特给马克思寄出 12 瓶葡萄酒,包括香槟、波特波尔多红酒。马克思夫人燕妮在 12 月 24 日回信说:"最衷心地感谢您送给我们的圣诞礼物。香槟酒会使我们很好地度过通常并不愉快的节日,给我们准备了一个愉快的圣诞夜。当香槟酒冒出气泡时,可爱的孩子不会因为今年没有圣诞树而郁郁不乐……"。

恩格斯对酒带有理论性的系统论述集中体现在他于 1876 年为《人民国家报》写的著名文章《德意志帝国国会中的普鲁士烧酒》一文中。在该文中他分析了普鲁士酿酒业对于国家经济、外交和政治局势的影响,文中他对于与酒相关的知识掌握之细致令人惊奇,从欧洲和德国的酒精税、到马铃薯酿酒的化学知识、到烧酒工厂的运营方式、对伪造酒和劣质酒的批判等等,无不体现了他对于酒的方方面面的熟知。他深度分析了酿酒业与农业的关系,以及对于整个社会经济生产的影响,批判了普鲁士容克贵族在烧酒生产上的虚伪。借助于对制酒产业的论述,恩格斯对资本主义生产进行了批判,就如列斐伏尔所言:"作为一个整体,马克思主义实际上是对日常生活的一种批判性的认识。"①

恩格斯的批判是从对酿酒业的高度肯定和重视开始的,在文中他借欧根·杜林(Eugen Karl Dühring)的话说道:

> 社会主义最时髦的信徒以及复兴者欧根·杜林先生赞扬酿酒业"首先是……(工业)同农业活动的自然联系",并郑重其事地宣称:"酒精生产的意义如此巨大,与其说对它可能估计过高,不如说可能估计不足!"②

在历史上酒精的生产与蒸馏技术密不可分。古代希腊人和罗马人除了用葡萄酿造酒之外,也开始掌握蒸馏技术,但是直到 15 世纪前后蒸馏技术才在欧洲被广泛运用到制酒工业中,从而制作出经济价值更高的烈酒。除了葡萄之外,蔗糖和谷物也被用作蒸馏造酒的原料。到了 17 世纪中

---

① 列斐伏尔:《日常生活批判》第一卷,叶茂奇、倪晓晖译,社科文献出版社,2018 年,第 136 页。
② 本节引用《德意志帝国国会中的普鲁士烧酒》文字皆出自恩格斯:《德意志德国国会中的普鲁士烧酒》,载《马克思恩格斯全集》第十九卷,人民出版社,1974 年,第 27—32 页。

三、西方观念史中的醉酒

叶,欧洲的荷兰和爱尔兰成为造酒业的重要基地。原先单纯用酿造技术制造的葡萄酒、麦酒和啤酒储存时间较短,质量欠佳,而使用了蒸馏技术之后生产的白兰地和威士忌则是越陈越香,烈性酒也使得人们更容易进入醉酒的状态,而且蒸馏技术还能够将易腐的农作物变成酒精,无限期保存并更易于运输,从而能获得更大的经济利益。那些运输起来比酿制的葡萄酒和啤酒更为方便的烈酒,也逐渐成为殖民贸易的重要商品,高酒精度的烈酒和蒸馏造酒技术被带到世界各地,更频繁的醉酒和酗酒现象也逐渐成为世界现象。这一发展趋势不限于酒精的生产,在人类历史上,所有普通瘾品经由技术的进步,被特殊处理后,其效力会大增,结果就会引发滥用,改变人类的生存状态,比如鸦片与吗啡,古柯叶与可卡因,葡萄酒与高度烧酒等等。

在 19 世纪至 20 世纪初,酿酒业在德意志帝国也逐渐流行起来,广泛成为各地农场主的主要副业,当时的德意志帝国有超过 6000 家酒厂。这些酒厂已经广泛采用廉价的马铃薯取代其他粮食作物作为蒸馏制酒的原料,这使得体积较大较难运输的马铃薯转变成容易运输、且价格昂贵的酒精。

酿酒业随之从城市转到农村,从富饶的粮食产区转移到贫瘠的马铃薯产区,广泛地在普鲁士萨克森、勃兰登堡和鲁日伊策深深地扎了根。按照当时《科隆日报》的报道,这些地区原来每平方英里约有居民1000人,现在,有了酒精生产,每平方英里土地可以供养将近3000人,巨大的利益牵涉到酒精税的问题。这就是恩格斯《德意志帝国国会中的普鲁士烧酒》的主题。

从1825—1827年普鲁士的酿酒业得到了蓬勃的发展,尽管质量不如粮食烧酒,但是马铃薯烧酒以其价廉而在整个德国流行起来,成为工人阶级的切身所需,"连最没有钱的人每天都可以酗酒了"。但是由于普鲁士的马铃薯烧酒比粮食烧酒要劣质,含有有害的杂醇油,杂醇油的致醉效果比乙醇要强,而且含有毒性,因此恩格斯将这期间频繁发生的醉酒斗殴乃至致死事件归于这种劣质马铃薯酒的泛滥,正是这种劣等烧酒"产生了自然的作用,并将成百上千的穷人驱入暗牢"。烧酒的麻醉导致的后果十分消极,它使得普鲁士的工人们耽于纵酒,对于社会和国家变得无动于衷,恩格斯说,可与之相比较的,更具灾难性的事件只有英国的东印度公司为毒害中国而生产的

三、西方观念史中的醉酒

鸦片。

尽管如此,普鲁士容克们(贵族地主)的马铃薯酒生产仍然急剧扩张,并行销各地。在汉堡,马铃薯酒成了伪造糖酒、法国白葡萄酒、白兰地等酒类的原料,汉堡成为伪造酒类的大本营。到1848年革命以后,法国的酒商也开始用普鲁士马铃薯酒制造白兰地,这使得白兰地的价格大为下降,法国的酗酒现象流行起来。1860年前后由于法国与英国签订了通商条约,可以向英国输出葡萄酒,但是法国的葡萄酒口味偏淡,在波尔多等地人们就把普鲁士酒精掺进法国葡萄酒,将这种伪造酒出口到英国。这一做法后来广为流行,波尔多人收集了法国、西班牙和意大利的葡萄,酿造后掺进普鲁士酒精,这使得葡萄酒更能经受海上运输,从而行销全世界。葡萄酒的大量输出造成了价格的上涨,劳动人民开始喝不起葡萄酒,只能喝普鲁士酒精。普鲁士酒精成为世界市场上普鲁士的代表性商品,"比德意志帝国政府的手伸得还无比远"。酿酒业成为普鲁士的真正经济和物质基础。

图 38 保罗·塞尚，《朱西厄的葡萄酒市场》（*The Wine Market at Jussieu*），布上油画，1872 年，73 cm×92 cm，波特兰艺术博物馆，波特兰

但是由于含有不可彻底去除的杂醇油，普鲁士烧酒会让饮用者酒后产生剧烈的头痛等不适感，因此意大利等国都对普鲁士酒精课以高额关税，法国会给它贴上红色标签，阻止它的广泛销售。同时，俄国生产的粮食烧酒显示了极强的竞争性，它在价格上并不比普鲁士的马铃薯烧酒贵，而且俄国有能力自己把烧酒进一步加工成酒

三、西方观念史中的醉酒

精,这对普鲁士的酿酒业构成了极大的威胁。因此国会议员冯·卡尔多尔夫为了保护普鲁士容克的利益,建议德国政府禁止俄国酒精过境。恩格斯对这一建议嗤之以鼻,因为他认为,在外交上德国应当与俄国结成同盟。在这篇文章的结尾,恩格斯展望了普鲁士的酿酒业在俄国的竞争下必然衰落,被资本主义市场淘汰,由此会引发整个普鲁士的经济崩溃,破坏国家基础,这样德意志帝国的其他省份将不受普鲁士的欺压,把军队交给社会民主派。最终,"整个世界将欢庆普鲁士的杂醇毒一劳永逸地被最终消灭"。

可以说,对于马克思和恩格斯而言,酒不仅是他们交往的媒介,是提振精神生活的良方,更是一个洞见社会历史规律的窗口。无论是马克思在《资本论》中以葡萄酒发酵为例说明生产时间,还是恩格斯在《德意志帝国国会中的普鲁士烧酒》中以普鲁士烧酒为主题的深入讨论,都显示了他们管中窥豹的学术眼光和研究能力。在革命导师那里,酒不仅是酒,还可以是批判的武器。

在尼采那里，酒神精神所呈现的这种意志和生命面相形成了一种积极乐观、雄浑有力的伦理态度，是对弱化生命、悲观主义的人生态度的克服。

四
醉酒、心灵与世界

四、醉酒、心灵与世界

本章我们以纯粹哲学的方式来讨论醉酒。醉酒经验首先是一种特殊的意识状态,我们可以用现象学的方法对之进行描述。这是一种不清醒的状态,为清醒状态奠基,同时醉酒的意识状态是忘我的,是向他者和世界开放的,是一种独特的瞬间,先于统一的自我和他者。我们也可以用海德格尔的方式对饮酒和醉酒进行存在论的分析,饮酒不是一个单纯客体化的行为,而是一个关联到酒、饮酒者、酒器、粮食、大地乃至整个生活世界的本有事件(Ereignis),饮酒赋予心灵和世界更为丰富的意义关联。醉酒还具有伦理学和人生哲学上的意义,在尼采那里,酒神的伦理意义就在于他反对耶稣基督,反对基督教的庸众道德,提倡超人的道德、强者的道德,酒神精神所呈现的这种意志和生命面相形成了一种积极乐观、雄浑有力的伦理态度,是对弱化生命、悲观主义的人生态度的克服。最后,陶醉状态与艺术家、艺术品和艺术创作紧密结合在一起,是艺术的原动力,并且这种陶醉不仅仅是主体状态,而且弥散为现象学意义上的"氛围",感受和审美经验由此成为可能。

1. 对醉酒意识的现象学分析

醉酒首先是一种独特的意识状态,我们接下来尝试用现象学描述的方法对醉酒这一意识现象进行描述和重构。

"现象学"(Phenomenology)这个词发端于18世纪,瑞士哲学家和数学家兰贝特(Johann Heinrich Lambert)最早使用这个词,但他赋予现象学的含义是"关于现象的学问",是与"关于真理的学问"相对的,就是通常所说的"透过现象看本质",与本质相比,现象常常是不可靠的,需要甄别和排除的。因此现象学是把握真理、服务形而上学的工具,与他同时代的康德和稍晚的黑格尔基本上都是在这个意义上使用"现象学"这个词的。到了20世纪,当胡塞尔、海德格尔等人掀起"现象学运动"的时候,"现象学"较之之

四、醉酒、心灵与世界

前已经有了颠覆性的含义,这也就是今天我们理解的"现象学"。与18世纪相比,今天的"现象学"强调"现象即本质",我们不再拘泥于现象和本质的二元对立,而是立足于描述现象,不去玄想现象背后的"本质"。因此20世纪的现象学运动有一个著名的口号叫作"回到实事本身"(Zu den Sachen selbst),所表达的基本精神就是,不要挂在半空中玄想概念、体系,柏拉图怎么说,康德怎么说,马克思怎么说,而是要回到大地上,脚踏实地,朝向活生生的具体事情本身,用你自己的眼睛去看、用你自己的耳朵去听、用你自己的心去感受、去直观,去看、去听、去感受那种最真切的、最具体、最细微、最当下的东西,这些从主观维度出发把握的东西就是最本原的东西。"现象"具体而微,却通过意义关联包含了世界整体。我们所有的理论、体系、抽象、本质,都是从这种具体而微的现象而来的,最具体、最细微、最自然的东西并不意味着琐碎,而是蕴含着世界的整体,世界整体或者本质就在事情本身之中。在这个意义上,我们用现象学的方法来谈醉酒,就是对醉酒意识和经验本身的描述,在其中通达醉酒、心灵与世界的关系。

"现象学运动"是20世纪最重要的人文思想运动,我们笼统地论述了其基本含义。在今天,现象学方法是人文社科研究中最重要的方法和问题视角。当然具体来看,也有狭义的现象学和广义的现象学之分。狭义的现象学就是胡塞尔意义上的,即通过对意识现象学的描述通达人类生活的整个意义建构过程和整体的意识架构。海德格尔从人之存在的基本经验出发描述人与世界的关系,也可以视为位于这种"狭义现象学"的边缘。与之相比,"广义的现象学"则要宽泛得多,实际上是现象学方法与不同学科及研究领域的结合,比如教育现象学、宗教现象学、艺术现象学等。笼统地说,就是从主观维度和经验维度出发对不同的研究领域进行描述,比如教育活动、宗教经验、审美经验等等,不是从外在的、客观的维度,更不是用量化的科学方法,而是用主观的现象学描述进行研究。

对醉酒意识的描述首先是狭义上的、胡塞尔意义上的现象学路径。如前所述,现象学哲学在胡塞尔那里首先是对原初意识结构及其建构的描述,由此来说明主体和客体二元框架以及基于此一切意义构建的发生过程。胡塞尔强调,借助于

四、醉酒、心灵与世界

现象学的方法我们审视世界和自身的眼光就是"回到实事本身",追求思想的无前提性,把一切预先设定的前提都打消掉,直接去观看物最原初的呈现样态,也就是在意识当中的显现。因此现象学描述,就如胡塞尔所言,"接受在现象中的现实可直观到的东西,如其自身给予的那样,诚实地描述它,而不是转释它"①,以达到"真正的被给予性"。这种无前提的直接性意味着,现象学描述不是一种客观立场上的对象化描述——那种描述是以主客的二分为前提的,而是对主体意识领域的直接描述,是主观维度的、第一人称的。就醉酒状态而言,现象学的分析就是直接把捉醉酒状态的主观经验。同时,醉这种主体独特的经验,也不可被还原为第三人称的单纯信息,因此也只能用现象学方法加以描述。我们将通过这种描述,来说明醉酒现象如何与哲学传统中的迷狂或尼采的酒神意象呼应,以及醉酒如何能成为一种批判姿态。

---

① 这是 1923 年 8 月 15 日胡塞尔访问瑞士心理学家宾斯旺格(Ludwig Binswanger)时,在宾斯旺格家中的访客簿上写下的一句话。转引自倪梁康:《意识问题的现象学与心理学视角》,《河北师范大学学报(哲学社科版)》,2020 年 3 月,第 9 页。

首先,醉酒状态是一种与清醒意识相对的意识状态,即不清醒意识状态的典型案例。1923年胡塞尔曾写道:"在清醒的意识中,世界总是这样地被意识到,这样地借助于作为普遍的地平线之有效性被意识到的,知觉只与现在有关。"而相对于此,不清醒意识则意味着"在这个现在的后面有一个无限的过去,在它的前面有一个敞开的未来",也就是说,清醒意识指向一个"在这里"的当下的对象,而不清醒意识则是一种"完全不再被直观却仍被意识的东西的连续性",既包括"前摄的连续性",也包括"滞留的连续性"[1],是奠基性的内时间之流。胡塞尔的现象学构想的核心问题之一就是,作为奠基的背景和被以意向性的方式构造出来的对象,二者之间的发生学关系。因此清醒意识作为当下的对象化意识,而不清醒意识作为连续意识之流成为前者的奠基性层次或视域,就构成了现象学描述的典型意识图景。包括醉酒在内的不清醒状态为意识的清醒状态奠基,清醒状态像孤岛矗立在像海洋一样广袤无边的不清醒意识的大海之中。

---

[1] 转引自倪梁康:《意识问题的现象学与心理学视角》,第9页。

四、醉酒、心灵与世界

图39 怀素,《自叙帖》(局部),纸本草书,唐代,28.3 cm×755 cm,台北故宫博物院,台北

《自叙帖》是怀素的草书巨制,内容是他写草书的经历以及当时的文人士大夫对他书法的评价。其中记录了许御史瑝的一句评论:"醉来信手三两行,醒后却书书不得"。

清醒意识状态和不清醒意识状态有着明显的差异,首先前者有明确的当下对象化建构,后者则是未被对象化的、连绵不断的意识之流。其次两种状态下个体意识也是不同的,如果说清醒意识状态下个体意识是独立的、当下的自我先于他者,那么不清醒意识状态下个体意识则被敉平。这种敉平不意味着个体意识的完全丧失,而是说醉酒引发的不清醒状态让主体可以打开封闭的自我、超出身体界限、放下日常里的理性矜持,以一种更为奔放的状态自我表达,与他人和事物融为一体。因此,醉酒是一种打开和释放自我的状态,一种孤立的、与外部世界对立的自我被醉酒意识冲破和敉平,从边界明晰的小我到主体敞开的大我。因为主体敞开,所以更多可能性被释放出来。个体意识的自我展开,使得个体自我与他人、与外部世界的界限逐渐消融,可以说,是醉酒状态把人与人、人与世界的相关性坦诚地联系到一起。所以,在我们的直接经验中,醉酒状态下日常的人际关系等级和距离感被模糊,人与人变得没有阻隔,更容易交流,个体的自我保护意识减弱或者完全消失,平日里不易表露的情感和情绪得以直接宣泄。这就是尼采所言的,在酒神祭典上"激情高涨时,主体便隐失于完全的自身遗忘状态",这也是一种海德格尔意义上的"绽出"(Ekstase)状态。更有甚者,醉酒状态下的"自身遗忘"和"绽出"不仅仅面对他人,也面对整个世界,醉酒者挥洒自如,把世界万物都当成自身敞开的对话者,与世界融为一体,辛弃疾就曾在醉酒的状态下与松树互动:"昨夜松边醉倒,问松我醉何如。只疑松动要来扶。以手推松曰去。"(《西江月·遣兴》),李白更有"举杯邀明月,对影成三人"(《月下独酌四首·其一》)的名句。竹林七贤中的刘伶作有《酒德颂》,形

四、醉酒、心灵与世界

图40 赵孟頫,《酒德颂》卷,纸本行书,1316年,28.5 cm×65.2 cm,故宫博物院,北京

此卷为赵孟頫录写的西晋刘伶《酒德颂》全文。

137

图41 《竹林七贤与荣启期砖画》，模印砖画，南朝，80 cm×240 cm，南京博物院，南京

画中人物分为两组，嵇康、阮籍、山涛、王戎四人为一组，向秀、刘伶、阮咸与荣启期四人为另一组。八人席地而坐，饮酒抚琴，人物由树木隔开，并于旁边标注了姓名。

象地描述了这种"以天地为一朝""幕天席地"的境界：

> 有大人先生，以天地为一朝，以万期为须臾，日月为扃牖，八荒为庭衢。行无辙迹，居无室庐，幕天席地，纵意所如。止则操卮执觚，动则挈榼提壶，唯酒是务，焉知其余？

四、醉酒、心灵与世界

醉酒状态引发的"绽出"和自我释放最终导致一种"纵意所如"的忘我状态。从固定的、封闭的个体过渡到主体的遗忘状态,忘记理性自我,也忘记日常状态下的身体界限感,全身心地投入和融入到世界之中,这正是一种酒神所象征着的神秘论的自然状态,是"通于大和"的状态。并且这一状态并不是通过有意识的计算或有次第的进阶提升实现的,而是"惛若纯醉而甘卧以游其中,而不知其所由至也"(《淮南子》卷六·览冥训),从而"纯温以沦,钝闷以终"(《淮南子》卷六·览冥训),圆融无碍,不着人工痕迹。这种忘我和融入导致了一种情感宣泄和主体创造性的高度发挥,想像力得到最有力的刺激,创造能力无意识地自然显现。因此,醉酒是对主体理性的否定,从而一种超理性的自然状态或者创造性得以发挥,这正是以狄奥尼索斯精神驱动的艺术创作活动。

从肯定性方面看,醉酒状态本质上是一种向世界和向他人敞开自身、暴露自身的做法。由于醉酒状态,我们抛却了身体的界限感,勇于离开惯常的习惯和态度,与熟悉的姿态分离,袒露于陌生之物和他者面前。由此,自我的多样性和可能性,生活更为丰富的意义面相方得以呈现,这根本上就是现象学所重视的"他者性"的呈现。因而,一种接受和学习的状态才有可能,我们才能加深自我理解,与世界和他人和解。就如米歇尔·塞尔(Michel Serres)所言:

> 离开。走出去、让你自己有一天被吸引。变成多样的自己,勇敢面对外面的世界,与另一个地方分离。这是三种不同的事物,他者性的三种变式,暴露自己的三种基本手段。因为,没有暴露、没有经常身处险境、没有面对他者,就没有学习。我将永远不再知道我是谁,我在哪里,我来自哪里,我将去哪里,要经过哪些地方。我暴露于他者,暴露于陌生的事物。[①]

如果把主体经验比作家园状态,那么醉酒就是一种离家状态,离家以达致他者和世界。酒精让我们以极富挑战性的姿态与他者相遇,离开惯

[①] Michel Serres, *The Troubadour of Knowledge*, The University of Minnesota Press, 1997, p. 8. 转引自范梅南:《实践现象学:现象学研究与写作中意义给予的方法》,尹垠、蒋开君译,教育科学出版社,2018年,第197页。

四、醉酒、心灵与世界

图42 鲁本斯,《醉酒的西勒努斯》(*The Drunken Silenus*),板上油画,1616—1617年,212 cm×214.5 cm,慕尼黑老画陈列馆,慕尼黑

西勒努斯是酒神的随从之一,传说是他抚养了年幼的狄奥尼索斯。鲁本斯一生创作了大量以西勒努斯为主题的作品。

常思维的秩序与目的,对世界和他者做出与惯常状态不同的选择、理解和行为决断。存在的偶然性在醉酒状态下被充分地放大了,离家状态有助于我们克服惯常狭窄的思维习惯,恢复了情境的多样性,主体侧的情感和意义可能性随时会以出人意料的方式得以释放、转化为现实。醉酒状态把原先一致的意识之流,即清醒的自我意识变成丰富的片段式经验,暴露原本生存姿态的局限,展现每个个体、每个当下可能具有的多样的独一姿态。因此醉酒本质上是一种勇敢的思想实践,是精神生活的升华。

醉酒状态令主体脱离了统一的主体,呈现为片段式的体验。这种片段式的体验具有一种"独一的"差异、瞬间的意义,按照让-吕克·南希(Jean-Luc Nancy)的看法,这种片段式的体验及其差异性才是世界原初的性质,优先于自我和他者的人格统一性。正是这种片段式的经验及其独一的差异,高于统一的人格、先于个体,是"个体之外的"(Infraindividual),这些差异构成了一个情境,比如生存的具体状态、情绪等,个体置身于其中。南希说:

> 就独一的差异而言,它们不仅仅是"个

四、醉酒、心灵与世界

体的",而且是个体外的。我永远不会是遇到了皮埃尔或玛丽本身,而是遇到他或她处于这样一种"形式"、这样一种"状态"和这样一种"情绪"等等。①

但是在清醒的理性状态下,这些作为个体之基础的片段式经验及其差异的原初地位往往被颠覆了,"独一的差异"被置于个体的统摄下。只有在醉酒状态下,个体自我被敉平,他人和世界的这些丰富片段才得以充分呈现,"本真状态"才得以展现。醉酒的状态带领主体进入一种"陌生性"和"独一性",这种独一的差异是挑战性的,是"通向世界的另一个通道",而在平常状态下,这条通道则是被隐藏的。正是在这个意义上,我们说醉酒状态下的主体向着世界和他者开放自身、呈现自身。

醉酒状态导致的心灵的开放性完全消弭了清醒状态下意识中的特定目的,从而使得主体和世界融为一个整体,对于这个整体性的体验是其灵魂内在能力的显现。尼采曾经有过一个关于意志

---

① Jean-Luc Nancy, *Being Singular Plural*, Stanford University Press, 2000, p. 8. 转引自范梅南:《实践现象学:现象学研究与写作中意义给予的方法》,第 209 页。

和海浪的隐喻,作为心灵动力的根本意志不是具体的目的,而是以无目的的方式如海浪般自由澎湃。醉酒之人内心的大海,逐波翻浪,在这种精神的开放状态中,心灵与外部世界、自我与他者得到统一。如阿伦特所言:

> 世界的现象已经成为内在体验的唯一象征,因此最初用来弥合思维的我、意愿的我以及现象世界之间的断裂的隐喻崩溃了。崩溃的发生不是因为在人生面前的"目的"的超重,而是因为对人的灵魂器官的一种偏向,灵魂的体验被理解为具有绝对的优先性。①

这种灵魂体验的绝对优先性是在狄奥尼索斯的召唤下实现的,就像尼采所描绘的,他发挥想像力把贝多芬的《欢乐颂》转换成一幅画,这是一个所有敌意分崩离析、人与人和解融合、世界和谐的画面。他说道:

---

① 汉娜·阿伦特:《精神生活·意志》,姜志辉译,江苏教育出版社,2006年,第185页。

四、醉酒、心灵与世界

图43 迭戈·委拉斯凯兹,《巴库斯的胜利》,布上油画,1628—1629年,165 cm×225 cm,普拉多美术馆,马德里

在围绕着酒神的人群中,除了酒神身后的一个随从赤裸着上身,其他人都穿着17世纪西班牙穷苦人民的服装。在这里,酒神象征着使人类从日常生活的困苦中解脱,重新团结起来的力量。

在狄奥尼索斯的魔力下,不仅人与人之间得以重新缔结联盟:连那疏远的、敌意的或者被征服的自然,也重新庆祝它与自己失散之子——人类——的和解节日。①

2. 作为神秘经验的醉酒意识

我们说现象学的方法致力于以主观的维度、第一人称的角度来描述经验现象,这种方法在威廉·詹姆士的《宗教经验种种》中得到了充分的体现。尽管詹姆士并未标榜自己是现象学家,但是他对宗教体验、神秘意识的描述最终是试图让人们重视自己内心经验和常识的呼声,摒弃抽象的教义或原则,因此他的研究无疑是现象学式的。在相关的描述中,他也论及了醉酒的意识。

在《宗教经验种种》中关于"神秘主义"的论述中,詹姆士强调了个人的"神秘的意识状态",他总结了这种主观神秘经验的四个特点:不可言说性,可知性,暂时性,被动性②。对于经历神秘经验的主体而言,这种感受是不可用语言传达给他人的,但同时这种感受又具有权威

---

① 尼采:《悲剧的诞生》,第 25 页。
② 参看威廉·詹姆士:《宗教经验种种》,第 373—375 页。

四、醉酒、心灵与世界

性,是洞见真理的状态,但这一状态不是理智层面上的认知,而是更深刻的可知性。同时,这种神秘状态是暂时性的,它

> 不可能维持很久。除了罕见的几个特例,通常的极限似乎是半小时,最多一两个小时;超过这个限度,它们渐渐消退,淡入日常的境况。它们消退之后,其性质的再现只能靠回忆,而且残缺不全。①

最后,这种意识状态的被动性体现在,它仿佛是受到一种更高力量的把捉,处于这种状态中主体的日常意志仿佛停止了。

詹姆士描写宗教经验的语句直接用来描述醉酒经验也是适用的。实际上在本书中他也直接论述了醉酒的经验(不仅是酒,包括麻醉剂和麻药),尽管醉是舆论和哲学所排斥的病态,但詹姆士相信,酒所引发的与日常现实的间离激发了人性中的神秘能力,由此"人可以得到一种真正的形而上学启示":

---

① 参看威廉·詹姆士:《宗教经验种种》,第374页。

醉的哲学

图44 卡拉瓦乔，《生病的年轻巴库斯》，布上油画，1593年，67 cm×53 cm，博尔盖塞博物馆，罗马

这是一幅描绘了扮作酒神的画家的自画像，在这幅画的创作之初，卡拉瓦乔刚刚离开家乡米兰来到罗马，在这一年中，他疾病缠身，在医院中度过了六个月。画中的卡拉瓦乔皮肤蜡黄，眼中有黄疸，很可能是感染了疟疾。

四、醉酒、心灵与世界

……尤其是酒所产生的意识。酒对人类的权势,无疑在于它能激发人性的神秘能力,尽管通常,清醒时的冷酷事实和干涩批评会将这些神秘能力打得粉碎。清醒的状态收缩,排斥,并且说"不";酣醉状态扩大、统合,并且说"是"。事实上,醉酒是激发人的"是"功能的强大刺激者。它使酒徒从事物的冰冷外围,进入热核。它使酒徒在顷刻间与真理合一。人求一醉,不纯粹由于邪恶。对于穷人和文盲,它代替了交响乐和文学。某些东西,稍微露点儿痕迹,我们立刻就会认出,那是绝代佳品,但是,只有在转瞬即逝的醉酒初期,它们才赐予我们许多人,而从整体上看,那是使人堕落的中毒过程。这实在是人生的一种深刻的奥妙和悲剧。醉的意识有一点点的神秘意义;我们对它的总体意见,必然在我们对整个神秘意识的意见中占有一席之地。

醉酒意识被詹姆士视为是神秘经验的一种,醉酒这种"人为的神秘心态"被赋予一种高于日常清醒状态的精神特质。这种神秘经验与日常意识没有连续性,它是一种一元论式的"洞见",

"好像世界的各种对立……都融合为一","各种形式的他者(the other)似乎都被吸进了一(the One)"。詹姆士毫不吝惜溢美之词颂扬这种神秘的意识状态,在诸如醉酒这样的状态中,

> 一种新的热情像天赐的礼物一样进入生活,其形式或者是情感的迷恋,或者激发真诚和英雄气概。①

詹姆士进一步阐述了诸如醉酒的神秘意识与清醒意识之间的结构关系,他描述的这一图景与胡塞尔的现象学心理学所描述的意识结构高度相似。詹姆士认为,人的意识场的边界始终是模糊的,理性无法帮助我们找到清晰的边界,而宗教经验、醉酒经验就是处于意识场边缘的东西,介乎意识和潜意识之间,它们意味着日常意识场的扩展。与麻醉意识、醉酒意识相比,

> 我们正常的清醒意识,即我们所谓的"理性意识",只是一种特殊的意识,在这个意识周围,还有完全不同的潜在的意识形式,仅仅由于一层薄幕将它与它们隔离。我们可

---

① 参看威廉·詹姆士:《宗教经验种种》,第474—475页。

四、醉酒、心灵与世界

以一辈子不觉察它们的存在，但是，倘若有必要的刺激，它们将一触即发，完全呈现，表现为某种确定的心理状态，或许在某个地方具有自己的应用场所和选用范围。①

在这里，麻醉意识、醉酒意识、神秘体验等，都是那个无比广大的潜意识的表现形式，那个无意识的海洋包围着清醒意识和理性意识。这些暧昧不明的无意识正是现象学要描述的视域、背景、无法对象化的生活世界、不在场、"知其白、守其黑"的黑，它意味着无限的可能性，是意义得以建构的空间，是人之自由的渊薮。

正是在这个意义上，以醉酒意识为代表的神秘经验实际上意味着一种"世界意识"，是个体精神的提升和扩展。在这种经验状态中，自我"好像冲出强烈的个体意识，个体本身似乎消散，淡入无限的存在"②。这正是醉酒意识中，人与他者、人与自然、人与世界合而为一的状态。就此而言，无论是对于宗教经验的描述，还是现象学的观察，始终都只是一种路径，最终是要令我们

---

① 参看威廉·詹姆士：《宗教经验种种》，第381—382页。
② 同上书，第377页，注1。

更好地进入和把握我们的主观维度和精神世界，最终使得人与世界达成一种和谐的关系。

更重要的是，对于这种关系的把握和实现并不只是理智和认知维度上的，而是要投入其中的，是主观维度和第一人称视角的。你要亲身投入于醉酒，才能体会这种一元论的"洞见"，舍此之外，任何外部的知识性描述都无济于事。我们前文论述过詹姆士引用的波斯哲学家和神学家阿伽查黎关于醉酒的叙述，他认为苏菲派学问不止于认知，更重要的是实践。不仅苏菲派，所有宗教信仰都是如此，信仰不是客观的知识，而是需要人亲自去信，投入其中；同样，醉酒意识也需要人切身去醉，而不是站在外进行客观分析。自己去信，自己去醉，否则你终将无法与真理合一。

3. 对饮酒的存在论分析

当柏拉图言及通过醉酒的迷狂而通达理念世界时，当尼采的酒神精神意味着主体与大地重新结合时，酒及饮酒活动实际上具有了一种存在论

四、醉酒、心灵与世界

的隐喻。海德格尔就曾对酒和饮酒有过存在论维度的考察。在《乡间路上的谈话》中化身为"向导"的海德格尔用壶和酒的关系为例来说明"空"之用,"空"或"无"在晚期海德格尔那里是具有存在论意义的概念。他曾借用他所熟知的《老子》第十一章来说明"空"和"无"的基本经验:

> 三十辐,共一毂,当其无,有车之用。
> 埏埴以为器,当其无,有器之用。
> 凿户牖以为室,当其无,有室之用。
> 故有之以为利,无之以为用。

在这里关于"空"的基本经验简朴地显现出来:只有当车轮有毂中的空隙时,旋转运动才能围绕一个固定的轴转化为前行运动。同样地,酒杯的意义也存在于其空凹处,即酒杯的无中,因为在其中它才能容纳作为它的意义的酒。酒与酒杯通过"空"的存在而体现出一种容纳和被容纳的关系,正是在这种彼此的相互成就中,酒和酒杯方才有其意义,从而舒展开意义的关联。

在《乡间路上的谈话》这篇海德格尔杜撰的一场谈话中,他对饮酒活动进行了一种存在论现象学层面上的描述。首先，通过对"空"的讨论，他论述了酒壶与酒通过壶的"容纳作用"建立了一种现象学的意向关联。随后他用"聚饮"为例说明了一个更广大的意向关联关系，酒，饮酒的人，欢饮的过程共同聚合成为一个事件，并进一步指向天空和大地：

> 作为提供欢饮的东西，聚饮逗留于美酒中，美酒逗留于葡萄中，葡萄逗留于大地上，逗留于天空的赠礼中①。

是美酒将人群汇聚到一起畅饮，而美酒又以意向性的方式指向葡萄，葡萄指向大地，大地与天空遥遥相应。以酒为核心，每一个环节都充满了意义指引，聚饮这一事件构成了一个完整的本有之勾连表达，最终指向世界整体，这是聚饮的存在论意义。

除了聚饮活动通过意义关联而实现的聚合作用，酒本身乃是一种更为深刻的聚合事件。酒作为一种在存在论意义上的汇聚力量，在海德格尔论及著名的天、地、神、人"四方域"的时候也被作为例子举出。在 1950 年一篇题为《语言》的

---

① 海德格尔：《乡间路上的谈话》，第 128 页。

四、醉酒、心灵与世界

图45 弗朗西斯科·戈雅,《葡萄的收获,或秋天》,布上油画,1786 年,267.5 cm×190.5 cm,普拉多美术馆,马德里

这幅画出自戈雅以四季为主题的一组画。画中的年轻男子身着象征着秋天的黄色衣衫,向一位妇人递去一串葡萄,旁边的孩童则急切地想要伸手够到这串葡萄。旁边,一位女子头上顶着一篮葡萄,与神话中谷物女神德墨忒尔的经典形象非常相似。

演讲稿中,海德格尔对特拉克尔的诗歌《冬夜》进行了分析,他特别对其中一句做了细致的阐释,这两句诗是:

> 在清澄光华的映照中
> 是桌上的面包和美酒

在这里海德格尔谈到"物的世界化",面包和美酒成了把世界聚集到一起的东西。它们

> 在其物化之纯一性中闪烁。面包和美酒乃天地之果实,是神对人的馈赠。面包和美酒从四化(Vierung)的单朴性中把四方聚集于自身。被令之物,即面包和美酒,乃是单朴之物,因为它们之实现世界是由于世界之恩赐而直接完成的。这种物喜欢让世界之四重整体逗留在其身旁。①

酒和面包源自自然,是神的馈赠,又蕴含了人的制作,因此它们将"天、地、神、人"的"四方"聚于一体,世界的四重整体汇聚逗留在它们之上。酒作为物,本身就具有一种存在论

---

① 海德格尔:《在通向语言的途中》,孙周兴译,商务印书馆,2008年,第21页。

四、醉酒、心灵与世界

意义上的丰富关联和指向,可以呈现出整个世界。

就人与酒的关系,海德格尔指出,我们饮酒也并非因为口渴,而是要"摆脱口渴",亦即摆脱一种生理层面的因果决定,饮酒是"为交游而饮""为告别、为纪念而饮""为其他的欢庆而饮""为庆典而饮"。① 酒和饮酒作为生存之隐喻包含的丰富内涵令人目不暇接:"浩瀚之境"成为酒壶之"空"的境域,天空与大地成为美酒的境域,庆典和交游成为饮酒的境域。总的来说,"人类是一种境域性的存在"②,是镶嵌于世界之中的,而不是原子式的、对象化、边界清晰的孤立个体,酒和饮酒活动由于其丰富的意向关联,成为体现这种境域性存在的恰当途径。

海德格尔的学生海因里希·罗姆巴赫(Heinrich Rombach)在他的《结构现象学》中也专门以酒、酒杯和酒文化为例,揭示一种现象学的存在论。罗姆巴赫指出,每一物都包含了其"本质",那么,何为"本质"?现象学主张"现象即

---

① 海德格尔,《乡间路上的谈话》,第 129 页。
② 同上书,第 78 页。

本质"，否认传统形而上学所主张的现象之外、现象之后的恒久之本质。同时，现象学之"现象"指的是事物之间的意义关联，这些关联通过意向性关系被揭示。这里的"意向性"已经不限于胡塞尔意义上的意识行为—意识相关项的结构，而是对于世间万物之间意义关联的隐喻。在这样一种意义关联之网中、在这样的生活世界中，事物的本质表现为它的普遍关联性和不可把捉性——某一事物的本质并不是自在的，而总是位于与其他人和事的关联之中。罗姆巴赫用酒和酒杯举例：很明显酒杯并非由于其自身而是酒杯，而只是在联系到酒时它才是酒杯，酒杯的本质就在于它与酒的意义关联，酒杯意向性地指向酒。在这里，"单独的酒杯"是不可思议之物。酒杯关系到酒，如同酒关系到酒杯。二者的本质存在于一种相互的关联指引之中。罗姆巴赫说，这种相互的关联指引关系并非附加在事物之上，不是现有酒和酒杯两个实体的存在，然后才有它们之间的意义关联发生，而是说，意义关联先于作为实体的酒和酒杯发生，正是在相互指引的意义关联这个本有事件（Ereignis）中才成就了酒和酒杯这两个存在者：酒杯是为了酒而存在的，酒只有在酒杯中才能饮用。我们没法想象孤立的酒

四、醉酒、心灵与世界

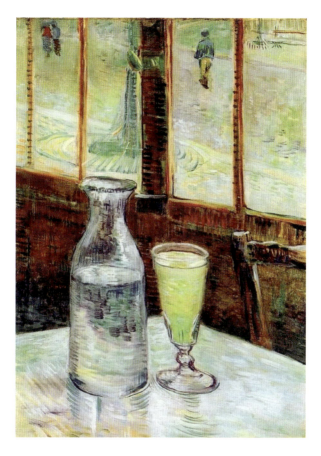

图46 梵高,《咖啡桌上的苦艾酒》,布上油画,1887年,46.3 cm×33.2 cm,梵高美术馆,阿姆斯特丹

苦艾酒,被认为有致幻作用而被称作绿色的缪斯、绿色的魔鬼,在19—20世纪给许多著名的艺术家与文学家带来了灵感。

或孤立的酒杯。

罗姆巴赫用酒和酒杯例子表达了现象学的核心要义。从胡塞尔意识现象学中的意向性，到海德格尔的此在的"在世之在"，到罗姆巴赫的作为生活结构的世界，表达的都是人与世界、事物与事物之间的普遍关联关系。这种关联关系呈现为意义关系，一切存在者都在关系中存在。所以保罗·利科说，现象学是"关系主义"的。众所周知，西方传统形而上学，强调先在的实体存在、追求永恒的本质，这在现代世界观和科学叙事中已经不具有说服力。因此现代哲学意味着视角和叙事方式的转换，即从本质主义转向关系主义和构建主义，现象学就是最具代表性的一派。现象即本质，本质不再是那个先验的永恒实体存在，而是现象，是人与世界、事物与事物之间的关联关系，是向我们呈现的意义关联，世界由此成为一个意义整体。酒与酒杯、聚饮的人、酒与大地，都构成了普遍的关联指引，成为一个意义整体。现象学的思想倾向由此彻底改造了西方传统的本体论（Ontology），不是永恒的理念、超越的实存、不变的本体，而是一种实存论，是把握关系、变化、关联、构建、偶在。这样描述的世

四、醉酒、心灵与世界

界整体就不仅是本体的存有,还有空和无,由此现象学的问题旨趣就与东方哲学不谋而合。

罗姆巴赫在《结构现象学》中举了酒和酒杯的例子之后,就在存在论的层面上谈到了"无"。正是酒杯的"空"意味着这种"无",这是一个空间,它使得酒与酒杯的相互关联能够在其中施展开来,所谓的"本质"亦即"现象"正是这种在"空"和"无"之中展开的相互关联,是两者之间关系的安置、可用性,由此成就了酒和酒杯。在"无"之中,酒和酒杯相互引导、相互成就,酒倒入酒杯之中,酒杯盛满了酒,由此聚饮才得以展开。如果我们在现象学的层面上,把聚饮的整体性事件以及其中包含的丰富的意义关联称为"本质",那么这个现象学的本质就不位于任何一个单一的存在物之中,饮酒、醉酒的本质不在酒之中、也不在酒杯之中、也不在饮酒者之中,而是在醉酒这一事件中被构建出来的。酒关联到酒杯,酒杯关联到酒壶和饮酒者,酒关联到粮食和大地,饮酒者关联到丰富的人际关系,而这一切都关联到整个生活世界和历史,罗姆巴赫说,这就是酒的结构,酒文化。

4. 醉酒的伦理意义

古往今来，醉酒在伦理上更多地具有消极和否定的意义。由于醉酒造成个体意识的弥散，道德的自我要求变得可有可无，因此醉酒失态、醉酒乱性等违背日常道德的现象十分常见，通常是被日常理性所排斥的。但是，从更深一层次看，就如詹姆士所言，"人求一醉，不纯粹由于邪恶"，那么醉酒在伦理意义上的积极面相何在？

晚年的尼采认为，酒神与被钉十字架的耶稣是针锋相对的形象，酒神精神反对的就是弱化生命的基督教道德哲学。基督教的道德观，是软弱的奴隶道德，而酒神则象征着洋溢着生命力和权力的主人道德。在1888年出版的自传式作品《敌基督》中，他将基督教的"信、望、爱"都贬斥为教会精心算计的产物，认为"基督教思想的危险性隐藏在它的价值感中"[①]。其中"信"是将信仰和真理混淆在一起，信被视为真的前提，这

---

① 尼采：《酒神美学——尼采艺术哲学经典文选》，第262页。

四、醉酒、心灵与世界

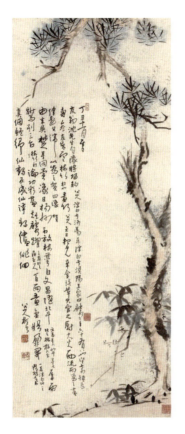

图47 八大山人,《岁寒三友图》,纸本设色,1697年,172 cm×69.5 cm,私人藏

款识:丁丑十一月至日,友翁沈先生自豫将归,约八大山人浮白于洛阳,再浮白于汉阳王家……

浮白即饮酒,且是豪饮。款识表明,这幅画是八大山人在醉意之下,为送别友人沈先生即兴创作的。岁寒三友,即松、竹、梅,是文人画中非常受欢迎的主题。

实际上阻碍了认识论意义上的"真",让人无法认识到科学的真理。"望"则是对现实的虚无化和扭曲,对彼岸的希望实际上歪曲、贬黜和否定了现实,是教人们逃避现实,只是给现实中受苦的人们提供安慰剂,这与尼采对于西方传统形而上学的虚无主义批判一脉相承。而基督教的"爱"往往被宣称是对上帝之爱,或者是对邻人之爱、对仇敌之爱,尼采批评这些爱都是世俗化的精明算计和自我欺骗,他认为真正的爱是"自爱",但恰恰在基督教中被湮没了。在伦理层面,尼采激烈反对基督教的道德观,这样一种普世化的宗教和道德,必然会"庸俗化和野蛮化",成为病弱者手中的救命稻草,但同时成为真正生命的对立面。与之一脉相承,尼采也批判了以卢梭和康德为代表的启蒙价值观。他反对卢梭的"自然"和"善人","反对人的娇弱化、虚弱化、道德化"[1]。尼采所讴歌的真正的生命,则是由酒神精神所意指的,是拥有权力意志的主人道德,是强者和高贵者的道德,是充盈着生命力的道德,这就是酒神的伦理意义。

---

[1] 尼采:《酒神美学——尼采艺术哲学经典文选》,第263页。

四、醉酒、心灵与世界

图48 卡尔·布洛赫（Carl Bloch），《登山宝训》，铜上油画，1877年，104 cm×92 cm，丹麦国家历史博物馆，希勒勒

《新约·马太福音》的5—7章记录了耶稣在山上所说的话，主要内容是基督徒的道德准则，其中有"爱邻舍、爱仇敌"的要求。

在尼采那里，酒神狄奥尼索斯意味着一种真正面对生命现实的、更为强大的伦理面相，即"超人"的面相，超人甚至在毁灭中也感到快乐，相对地，"人类是某种应当被克服的东西"①。狄奥尼索斯式的生命态度意味着一种全新的对于善的承诺，这种善不是实质性的伦理学，而是权力意志本身，不是去避免痛苦和无聊，而是对生命的生成过程的肯定，哪怕它通往毁灭。酒神意味着对生命短暂性的认同和热爱，肯定对立和战争，而拒绝虚假的和平，拒绝任何形而上学的或神学的虚构。在《悲剧的诞生》中尼采说道：

> 对消逝和毁灭的肯定，这是狄奥尼索斯式的哲学中决定性的特征，对对立和战争的肯定；对生成的肯定和对存在概念的彻底拒绝。②

当尼采宣称"道德的人乃是一个比不道德的人更低等的种类、一个更虚弱的种类"③时，他是用酒神精神批判基督教的伦理道德，用尘世信

---

① 尼采：《查拉图斯特拉如是说》，第9页。
② 尼采：《悲剧的诞生》，第30页。
③ 尼采：《酒神美学——尼采艺术哲学经典文选》，第269页。

四、醉酒、心灵与世界

仰取代彼岸的虚构。那么酒神精神对于此岸的伦理学的建设性意义就在于，酒神精神高扬的意志和生命面相形成了一种积极乐观、雄浑有力的伦理态度，是对弱化生命、悲观主义的人生态度的克服。谈到悲观主义，我们最容易想到叔本华，他的哲学以其悲观主义基调著称。他把生活的本质概括为痛苦和无聊两种状态，二者均受欲望的支配，在《作为意志和表象的世界》中他说道：

> 欲求和挣扎是人的全部本质，完全可以和不能解除的口渴相比拟。但是一切欲求的基地却是需要，缺陷，也就是痛苦；所以，人从来就是痛苦的，由于他的本质就是落在痛苦的手心里的。如果相反，人因为他易于获得的满足随即消除了他的可欲之物而缺少了欲求的对象，那么，可怕的空虚和无聊就会袭击他，即是说人的存在和生存本身就会成为他不可忍受的重负。所以人生是在痛苦和无聊之间像钟摆一样地来回摆动着；事实上痛苦和无聊两者也就是人生的两种最后成分。①

---

① 叔本华：《作为意志和表象的世界》，石冲白译，商务印书馆，1982年，第427页。

醉的哲学

图49 毕加索,《饮苦艾酒的人(安吉尔·费尔南德斯·德索托)》,布上油画,1903 年,70.3 cm×55.3 cm,私人藏

四、醉酒、心灵与世界

作为意志的世界决定了欲求是人生的基本动力，欲求未得到满足就是痛苦、满足后就是空虚，除此无他。这种对于人生的消极看法赋予了生活一种灰色而无奈的生活姿态，即人生的整体基调仿佛就是受欲望支配的蝇营狗苟的状态，或者在算计如何实现欲求，或者就是欲求实现后的无所事事。对于读者而言，这个描述在某种意义上是生活的现实，但是这类悲观主义哲学及其形成的生活态度的思想后果无疑不够正面。在这样一种描述中，生命的积极性面相、饱满的精神取向完全没有得到呈现，人类精神体现的更多的不是其活力和张扬，而是消极被动的惰性，由此将人的整体存在矮化了。

如何克服这种生命的消极状态？首先应当具备高扬的精神性，使得主体能够摆脱痛苦和无聊的循环，尼采的酒神精神让我们以超人的姿态面对永恒轮回的尘世信仰，这无疑为克服悲观主义提供了一条出路。或者说，尼采提供了一种新的悲观主义的理解：悲观主义不是对生命的弱化和回避，而是"对此在可怕和可疑方面的一种自愿探索"。对此尼采说：

这样一种悲观主义可能会通向那种狄奥尼索斯式的对世界的肯定形式,如其本身所是的那样,直到对其绝对轮回和永恒性的愿望:这或许就给出了一种关于哲学和感受性的全新理想。①

酒神象征的这种"肯定形式"和"全新理想"在生活中如何实现?叔本华给出的终极解脱之道是通过宗教式的苦行以灭绝意志,即通过"高等的理智"实现"对意志的解脱"。尼采对之嗤之以鼻,他说:"我把那种传授意志之否定的哲学视为一种毁坏和诽谤的学说",因为"我是根据其意志的权力和丰富性的量来估价人的,而不是根据其意志的削弱和消解"。② 意志的权力和生命的丰富性正是酒神所象征的。

希腊人通过饮用 kykeon 到达迷狂状态而接近酒神,对于现代日常生活中的个体而言,借助于饮酒和醉酒无疑是接近酒神精神的一条捷径。包括醉酒意识在内的神秘体验意味着日常意识的扩

---

① 尼采:《酒神美学——尼采艺术哲学经典文选》,第264页。
② 同上书,第269页。

四、醉酒、心灵与世界

展,除了意志权力和生命丰富性的强化,这种扩展并非背离了道德,詹姆士曾引用加拿大精神病学家柏克(O. M. Bucker)等人的研究成果,强调这种体验往往同时带来了道德的升华。柏克将这种摆脱了日常状态的神秘意识称之为"世界意识"(Cosmic consciousness),他是这样描述"世界意识"的:

> 世界意识的首要特点,在于它是关于世界(cosmos)的意识,是关于生活和宇宙秩序的意识。伴随这个意识,出现了理智的启蒙,独自将个人提升到新的生活层面——使他几乎成为一个新种的成员。除此之外,还有一种道德升华的状态,即一种无法形容的提升、振奋和快乐之感,以及一种道德感的活跃,完全同增强的理智力一样显著,而且比它更重要。①

对于醉酒意识而言,或许这种"道德升华"或"道德感的活跃"并非普遍,但确实有可能发

---

① 转引自威廉·詹姆士:《宗教经验种种》,第 392—393 页。

生。如果要从更为普遍的角度看，退一步讲，至少我们能够认为，醉酒后的个体能够焕发前所未有的勇气面对现实的痛苦和无聊，也能够片刻摆脱这种痛苦和无聊的完全支配，这也未尝不是一种人生的积极面相。马克思说："宗教是被压迫生灵的叹息，是无情世界的情感，正像它是无精神活力的制度的精神一样。宗教是人民的鸦片。"① 宗教是人民的鸦片，它通过虚构幻觉消解人民的现实痛苦，而尼采的酒神所象征的超人精神则赋予个体勇气以奋勇面对俗世和生命现实。醉酒状态使得个体摆脱了欲求的支配，消解了主体的有限性和执着，将主观意识与他者和世界融合在一起，使得理性支配下的欲望和算计被忘却，个体由此进入一种坦然无私的状态。在这种状态下支配人的不再是痛苦和无聊，而是充溢着生命力的快乐，醉酒由此赋予我们的生活一种积极的伦理姿态，一种酒神精神所象征的强力的生命面相。

---

① 《马克思恩格斯文集》第一卷，人民出版社，2009年，第4页。

四、醉酒、心灵与世界

图50 艾德里恩·布劳尔（Adriaen Brouwer），《饮酒大师》，板上油画，39.5 cm×52.5 cm，荷兰国立博物馆，阿姆斯特丹

5. 陶醉与美学

尼采相信，狄奥尼索斯精神是艺术的原动力，而对这种精神最直接的描述就是"陶醉"（Rausch），这是尼采在谈论艺术和美学时，频繁用到的一个概念。Rausch 原意为醉酒、迷离恍

惚，在哲学文本中我们习惯于将之翻译为"陶醉"。尼采首先区分了"女性美学"和"男性美学"，他认为前者是纯粹从被动接受的观看者角度出发谈美学，而后者则是从艺术家的主动创作角度来审美。如果把这一说法套用到哲学上，那么醉的哲学无疑必然是主动的、是洋溢着生命力的、是激情充沛的，是一种男性的哲学，与之相对，传统的理性主义哲学则是精致的、纯粹的、概念化的，是女性哲学。恰好尼采在谈他的男性美学方案时，也指出这是一种混杂着肉体之物与心理之物的状态，亦即"陶醉"的状态。尼采的"陶醉"偏向于一种情感状态，但这不是一种纯粹被动激发的情感，尼采说"陶醉的本质要素是力的提高感和丰富感"[①]，由此"使事物成为一种本己充盈和完满性的反映"[②]。这种作为"高度权力感"的"陶醉"是艺术家必须具备的状态：

> 艺术家们不应该如其所是地看待事物，而是应该更充实、更简单、更强壮地看待事

---

① 海德格尔：《尼采》上卷，孙周兴译，商务印书馆，2010年，第108页。
② 尼采：《权力意志》下卷，孙周兴译，商务印书馆，2007年，第1093页。

物：为此，他们身上就必须有一种永恒的青春和春天，一种习惯的陶醉。①

艺术家特有的这种"陶醉"是一种完全从主体出发的、洋溢着主体意志的状态，类似于柏拉图的"迷狂"。海德格尔在他的尼采阐释中，曾把爱欲（eros）阐释为一种触发人类面对理念敞开自身、超越有限自身的力量，类似于尼采所言的"陶醉"。海德格尔说道：

> 一旦人在其对存在的观看中受到存在的约束，人就逸离出自身，以至于他仿佛伸展于自身与存在之间，并且在自身之外了。这种被提升而超出自身以及被存在本身吸引的情况，就是爱欲。②

这样一种陶醉的状态在美学和艺术创作中至关重要。尼采理解的"美学"是"我们把一种美化和充盈投置入事物之中，并且在事物身上进行虚构，直到它们反映出我们自身的充盈和人生乐趣"，并且他认为人身上最重要的三个相关要素

---

① 尼采：《权力意志》下卷，第 1025 页。
② 海德格尔：《尼采》上卷，第 215—216 页。

图51 鲁本斯,《维纳斯,丘比特,巴库斯与刻瑞斯》(Venus, Cupid, Baccchus and Ceres),布上油画,1612—1613年,200 cm×141 cm,柏林国家博物馆,柏林

画中的四位罗马神分别对应着希腊神话中的爱神阿芙洛狄忒及其子爱洛斯,酒神狄奥尼索斯与谷物女神得墨忒耳。这幅画的灵感来自习语"没有刻瑞斯和巴库斯,维纳斯也会冻僵"。

是"性欲、陶醉、残暴"[①]——"陶醉"构成了艺术创作的基本动力之一。

此外,陶醉也是艺术作品激发的一种效果,

---

① 尼采:《酒神美学——尼采艺术哲学经典文选》,第258—259页。

四、醉酒、心灵与世界

就如尼采所言:"艺术作品的作用乃是对艺术创作状态亦即陶醉的激发。"① 海德格尔对作为艺术效果的"陶醉"进行了更为深刻的本质转化:他用"情调"(Stimmung)来说明或者替代尼采的"陶醉",陶醉是一种重要的情调,或者从存在论层面上,这种基本情调构成了人的"处身性"(Befindlichkeit)。人可以存在于陶醉的基本情调之中,或者换句话说,陶醉为特定的人之存在赋形。海德格尔同时还指出,尼采的通往艺术的"陶醉",不仅是狄奥尼索斯式的,还有阿波罗的节制,并以此来区分尼采与瓦格纳在艺术上的倾向:

> 如果美是我们相信我们的本质能力所具有的决定性的东西,那么,陶醉感作为与美的关联就不可能是纯粹的奔腾与沸腾。而毋宁说,陶醉的情调乃是最高的和最适度的规定性意义上的一种心情。不论尼采的表达方式和谈论方式听起来多么像瓦格纳的情感狂喜和纯粹"体验",确凿无疑的一点是:在这件事上,他所要求的却是相反的东西。②

---

① 尼采:《权力意志》下卷,第821条,第961页。
② 海德格尔:《尼采》上卷,第134页。

图 52 亨利·芬廷-拉图尔(Henri Fantin-Latour),《缪斯(理查德·瓦格纳)》,石版画,1886 年,22.9 cm×15.2 cm,芝加哥艺术学院,芝加哥

这幅画是画家向瓦格纳致敬之作。画中的缪斯手持一片棕榈叶,象征着神圣的灵感与天才,拥抱着这位作曲家。

四、醉酒、心灵与世界

海德格尔指出，尼采的"陶醉"并不是"不断增长的对情感状态本身的粗俗化"、表示单纯质料性的，不是消解边界的、忘却主体的、激动而无节制的宣泄力量，而是具有形式意义的，是如荷尔德林的赞美诗中蕴含的那种"基本情调的强力"（Macht der Grundstimmung）。海德格尔说道：

> 陶醉并不是指一味泛涌和奔腾的混沌，并不是纯粹听任自流和晕头转向的醉汉行状。当尼采说"陶醉"时，这个词在他那里是具有与瓦格纳的意思相对立的音调和意义的。对尼采来说，陶醉意味着形式的辉煌胜利。[①]

作为基本情调的"陶醉"不仅仅是狄奥尼索斯的醉酒，而是也有阿波罗的形式意义，具体而言，"陶醉"还意味着弥散为一种情感渲染的空间、悬浮的情绪，也就是介乎主体和客体之间的"氛围"（Atmosphäre）。这暗合了酒与醉酒的意象在存在论上象征着超越有限的主体、回归大地和生活世界。"氛围"是当代美学和艺术哲学的重要切入口之一。

---

① 海德格尔：《尼采》上卷，第140—141页。

施密茨（Hermann Schmitz）的"新现象学"首先关注的是个体的身体和情感经验，在讨论了与身体相关的宽度空间、方向空间和位置空间之后，他特别把那种介乎主体和客体之间的"氛围"作为讨论的话题。他用"氛围"来刻画"情感空间"，这对审美经验至关重要。施密茨认为西方传统哲学中有一种"情感的内卷"（Introjektion der Gefühle）的趋势，即个体情感被压制在心灵之中而不被关注，相对于理性，情感是等而下之，应当受到抑制的东西。而施密茨主张回到古希腊哲学和宗教的传统，提倡情感的外化，把情感理解为"一种从空间上涌现的氛围"[①]，它不是主体的、也不是客体的，而是一种"类客体的"空间现象。"氛围"不是现成在手的客体之物，而是"半物"（Halbding），用格诺特·伯梅（Gernot Böhme）的话说，是一种介乎主观和客观之间的"间现象"（Zwischenphänomen），具有主体与客体间的"间

[①] 施密茨：《无穷尽的对象：哲学的基本特征》，庞学铨、冯芳译，上海人民出版社，2020年，第289页。

四、醉酒、心灵与世界

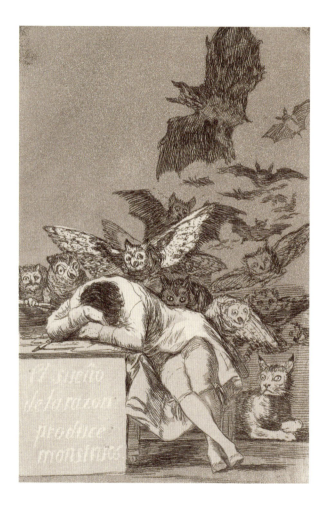

图53 弗朗西斯科·戈雅,《理性沉睡,群魔四起》,铜蚀版画,1799年,18.8 cm×14.9 cm,纳尔逊-阿特金斯艺术博物馆,堪萨斯城

地位"(*Zwischenstatus*)①。作为情感的氛围所弥漫的空间不是客观的三维空间,而是以"具身在场"(*leibliche Anwesenheit*)为基础的体验空间。基于具身在场的这个氛围空间不是由方位、距离这些数值定义的,而是占据了"无表面空间"(*flächenloser Raum*),随着身体感受和情感可以自由地倾洒和蔓延。主体就沉浸在这样的空间之中,这就是"陶醉"的状态,感受和审美经验由此成为可能。当然施密茨的"新现象学"并不停留在美学上,他认为在情感氛围中基于具身在场的空间经验和身体经验构成的宽广和狭窄的交替状态不仅是对当下经验的刻画,更是一种存在论层面上的基本基调的把握。

---

① 对于"间地位"的描述参见 Gernot Böhme, *Atmosphäre: Essays zur neuen Ästhetik*, Suhrkamp, 1995, S. 22;也参见 Gernot Böhme, "Brief an einen japanischen Freund über das Zwischen," in *Interkulturelle Philosophie und Phänomenologie in Japan*, ed. Tadashi Ogawa, Michael Lazarin, and Guido Rappe, Iudicium, 1998, S. 235。

在现代生活中,醉酒作为个体的反抗形式,其批判性意义就不仅在于违背社会规训,而是构成了某种深层的克服焦虑的尝试,这在今天就显得更加难能可贵。

五
当代生活中的醉酒

五、当代生活中的醉酒

现代世界是全球化的时代,在新技术的组织下,世界正在趋同。社会在不断加速,个体生活却变得日益单向度。在趋同的全球化时代,与一般的工业产品不同,酒体现的是不同区域和国家固有的文化特征,法国的红酒、苏格兰的威士忌、俄罗斯的伏特加、德国的雷斯令等等。就红酒而言,法国的、西班牙的、澳大利亚的、智利的、南非的,也有着显著的不同。在中国之内,不同的白酒也有着鲜明的在地性特征,贵州的茅台、四川的五粮液、江苏的洋河、山西的汾酒、北京的二锅头等,这些特征不仅是物质性的,还有更多的文化属性。①在这个意义上,不同的酒与多

---

① 除了从空间维度审视之外,我们也可以从代际维度审视酒文化的丰富性。与宋代单一的酿制酒不同,20世纪之后酒的生产也日益多元。今天当中国人饮酒时,面临的选择空间丰富,但是年轻人与他们的上一辈选择的差异也日益明显,年长者喝白酒居多,年轻人则选择样式更为丰富的洋酒和啤酒。在代际传承中,白酒显得更加传统和官方,不同的洋酒则显得更加丰富和活泼,其中负载的文化意义还可深究。

图54 齐白石,《菊酒延年》,纸本设色,1948年,133 cm× 68 cm,中央美术学院美术馆,北京

五、当代生活中的醉酒

元文化的紧密关联与趋同的全球化世界构成了一种均衡力量。在当代生活中，饮酒和醉酒作为文化行为，也具有别具一格的含义。

1. 醉酒与现代性生存焦虑

醉酒状态可以克服生命中的痛苦和无聊，其原因在于通过醉酒可以实现与日常状态的疏离。由于这种疏离，醉酒也具有了一种反思的视角和强烈的批判性维度。如果说传统社会是一个福柯意义上的规训社会，那么醉酒就是对规训和规则的反叛和背离，《水浒传》中好汉们喝酒吃牛肉显示的就是他们的离经叛道，因为在农耕社会牛往往是不能随意宰杀的。像鲁智深五台山醉打山门的情节，更集中显示了对于规训社会的突破。而今天，当我们进入一种新技术统治的"绩效社会"时，规训式的"应该"和"允许"已经不是社会的治理基础，因为个体的自由和多元化已经深入人心，但是新技术并不是以外部规训的方式、而是从内部意愿改造的方式统治了这个时代。表面上看，我们在做自由多元的抉择，我们在充分发挥自己的潜能，我们以无对抗的方式生

醉的哲学

图55 梵高,《饮酒者》, 布上油画, 1890年, 59.4 cm× 73.4 cm, 芝加哥艺术学院, 芝加哥

活, 就如马尔库塞所言, 新技术统治下的当代生活在整体上是一个"没有反对派的社会", 是一个"批判停顿"的社会。但实际上, 我们并不是"真的"想这么做, 我们被不断加速的社会裹挟进了由绩效标识的竞赛跑道上, 理性主体的潜能是无限的, 因此我们不得不加班, 不得不"内卷", 这种生活的"异化"感构成了现代性生存焦虑。在现代生活中, 醉酒作为个体的反抗形

式，其批判性意义就不仅在于违背社会规训，而是构成了某种深层的克服焦虑的尝试，这在今天就显得更加难能可贵。

这样一个让个体焦虑的世界同时却是一个世俗化的世界。当代世界受到技术意识形态以及相应体制的统治，实现了"力比多的动员和管制"，是"单单通过各种设施的影响和能力就使人无路可逃的世界"①。在这样一种貌似"合理"的技术社会中，高层文化正在经历势不可挡的俗化趋势，自然欲望或生活本能的能量也以"压抑性的俗化方式存在"，显露出它的顺从功能，"相形之下，高尚的冲动和目的含有更多越轨成分、更多自由和对社会戒律更多藐视"②。马尔库塞关注的首要是爱欲这一中介受到的抑制和俗化，由于技术社会限制了内在世界的升华，因此爱欲停留在俗化性欲的层面，在这样一个将精神世界俗化的技术世界中：

> 人们所渴望的东西同准许得到的东西之

---

① 马尔库塞：《单向度的人》，刘继译，上海译文出版社，2010年，第61、58页。
② 同上书，第60页。

> 间的张力似乎已大大减弱……个人必须使自己适应于一个似乎不要求他克制其内在需要的世界——即一个本质上没有敌意的世界。①

这就是发达工业社会的极权主义面相,对于以爱洛斯(Eros)为代表的自然欲望的管制,构成了技术世界的特征之一,并成为我们现代生活的基本经验的重要来源。这是造成"单向度的人"的重要因素之一,即丧失否定、批判和超越能力的人,这样的人没有自由高尚的追求,也没有能力想象与现实不同的另一种生活,生活方式高度同质化。现代性的生存焦虑并非来自于现实的恐惧或面对暴力的危险,而是技术进步造成的我们的精神世界同一化和俗化。如何在当代生活中重建精神生活、抗拒俗化?酒作为最为普遍的精神活性物质可以提供一条可能的进路。前面我们提到过《会饮篇》,在古希腊,酒神就与爱洛斯相提并论。因此对于现代生活而言,酒神精神更加意味着对于精神生活俗化的反抗,是对于力比多管制的反抗。酒神召唤下的自然欲望是绝对

---

① 马尔库塞:《单向度的人》,第60页。

五、当代生活中的醉酒

图 56 《狄奥尼索斯与爱洛斯》,大理石圆雕,2 世纪,那不勒斯国家考古博物馆,那不勒斯

的、不屈不挠的、放纵无羁的，这就是对于技术时代管制体系引起的精神俗化的反抗。在"无对抗的"当代生活中，酒和醉酒则意味着个体最后的对抗和批判，意味着内在精神的升华。

在当代生活中，醉酒的批判性还表现在对现代社会机械化个体生活节奏和生存方式的调整和均衡。造成现代人生活的"单向度"的，除了精神生活的俗化之外，还有现代社会盛行所谓的"苟活经济"（Ökonomie des überlebens）。在这种制度下我们每个人都被规训为不知疲倦、自我压抑的劳动主体，被庞大的经济体系和信息体系所支配和压制。我们无时无刻不被担忧无法苟活下去的焦虑所支配，只能以机械化的方式不断向前，就像瓦格纳的歌剧《漂泊的荷兰人》里那艘荷兰船只那样，没有航向，但也不能停泊靠岸，也无法保持静止，只能在茫茫大海上不停航行。①

然而，从技术和效率上看，这个压抑主体、单向进步的社会由于其速度的不断提升，被视为积极而高效的社会，生命中的欲望和情绪、个体

---

① 韩炳哲：《爱欲之死》，宋娀译，中信出版社，2019年，第40—49页。

五、当代生活中的醉酒

图57 阿尔伯特·赖德(Albert Pinkham Ryder),《漂泊的荷兰人》,布上油画,1887年,36.1cm×43.8cm,史密森尼美国艺术博物馆,华盛顿

的差异等"消极"面相被边缘化,理性的日常、对效率的追求被视为主流,并被赋予了更高的价值,反过来形塑个体生存,个体被"异化"了。现代生活中的这种异化,已经有别于马克思所言的异化,而是在不断加速的社会中,人与世界、人与他者的关系被彻底颠覆,个体就像滚轮上的仓鼠不断奔跑才能留在原地,否则会被甩出滚

轮。在这样一个加速的技术社会中,理性和效率的向度实际上是把人物化了,推到极端,人终将输给机器,输给由他们亲手制造的产品,在这里发生了"创造者与创造物的颠倒":"主体的自由和客体的非自由在这里被倒置了。自由的是机器,不自由的是人","因为对于出自娘胎的人来说,机器从本体论来看要比人优越得多"①。启蒙以来不断追求主体性的人,在现代生活中却把主体性丢失了。与机器相比,人一方面在材料和形态上是先天不足的;另一方面,机器和人造产品具有一种"工业再生性",并因此是永恒的,这种再生性也就是"产品的系列存在性",或称为"工业柏拉图主义"。一个灯泡是有限的,但一个灯泡坏了,我们可以买一个一模一样的灯泡替换,而人则不可能通过这种可替换性得到永生,因此与机器和工业材料相比,人是一块糟糕的材料。人与真正的材料不同,人的躯体形态是被先天确定的,而且其自身会腐烂,这一点与工业产品的永恒性相比,足以令人羞愧。另一方面,由于不同的机器要求操纵者以不同的形态去操纵,

---

① 安德斯:《过时的人》卷一,范捷平译,上海译文出版社,2009年,第14、17页。

五、当代生活中的醉酒

所以任何先天确定的躯体形态都是不够完善的。人通过"人体工程学"想要达到的目的是企图将这种相对于机器而言不完善的躯体进行某种融化和转化,用从中获得的新材料来重铸机器所要求的那种形态,以克服人与生俱来的死亡经验。因此,现代人在自己所造的机器和产品前自叹不如、羞愧不已,不得不用机器的标准和眼光看待自己,将自身的一切物化①和机器化,认为这才是生活的理想状态。安德斯(Günther Anders)称之为"普罗米修斯的羞愧"。

> 普罗米修斯(人)经历了一场真正辩证的反复,从某种意义上讲,他的胜利太辉煌了,以至于他现在面对着自己的杰作,不得不开始抛弃他那些在上个世纪还被视作理所当然的骄傲。代替这种骄傲的只是自卑感和一副可怜相,今天普罗米修斯只是他自己创造的机器乐园里的一个侏儒,他只会顿足捶胸地自问:"我算什么?"。②

---

① 千人一面的整容技术和化妆技术,都是现代人"自我物化"的表现。
② 安德斯:《过时的人》卷一,第15页。

图 58　克里斯蒂安·格里彭克尔（Christian Griepenkerl），《雅典娜将灵魂吹进泥塑的人类》（*Beseelung der menschlichen Tonfigur durch Athena*），布上油画，1878 年，下萨克森州艺术与文化史博物馆，奥尔登堡

在普罗米修斯用泥土造人后，他看着雅典娜赋予人类灵魂的气息、理性和思维。

可复制、可替代的工业产品式的存在物成为这个时代理想的模型。而在这样一个流水线式的现代社会中，带着羞愧的个体总是被一种涣散的注意力所充斥，我们不得不在碎片式的多个任务、工作程序之间转换焦点，筋疲力尽。① 我们

---

① 信息社会中，我们的大脑时刻处于接受丰富信息的紧张状态，从而引起生活方式和身体的变化。有研究者认为，近年来随着信息技术的提升，大脑时刻处于被信息刺激的状态，这使得人类大脑某些部位比上一代人更为发达，引起一些生理层面的变化，比如鼻子形状的变化、脊椎的快速生长，因此在智能手机陪伴下成长的年轻人的面容以上一代的标准来看更显得"面无表情"，也更容易患上脊柱侧弯的症状。

五、当代生活中的醉酒

被各种各样不同的要求所支配,与前现代相比,在同样的时间内个体的行动和体验量大大增加,尽管新技术给我们的生活带来了便利,但是我们可支配的自由时间并没有增加。与此同时,在现代社会中,人类生活变得前所未有的飘忽即逝,没有任何东西能够长久持存,连相对固定的关注都越来越难以实现。与技术时代和工业产品的永恒相对,人类的生活和世界都是短暂的,缺乏长久持存之物,这就是现代生活中的"存在"的匮乏,普罗米修斯的羞愧由此转换成了个体的存在焦虑。如果我们回忆下海德格尔对于古希腊人"求知"的分析,对"存在"和世界本质的追问是要缓解人类面对无常命运的焦虑;那么今天当我们的生活变得碎片化而短暂易逝时,我们的日常生活就被紧张情绪和烦躁不安所支配,这也变得很容易理解。而且,由于科学技术的去魅作用,宗教再也无法平息我们的焦虑。在此,醉酒似乎是暂时消解焦虑的一种有效手段。通过醉酒,人与人之间的团结、人与世界的融合给了个体一种安全感。因此,"死生惊惧不入胸中,是故逆物而不慑"(《庄子·达生》),从而"醉者神全"(《庄子·达生》)、"心和神全曰醉"(《康熙字典》)。从这个意义上说,狄奥尼索斯精神

图 59　埃德加·德加,《苦艾酒》,1875—1876 年,布上油画,92 cm×68 cm,奥塞美术馆,巴黎

五、当代生活中的醉酒

与海德格尔哲学中那种作为基调的英雄的行动主义是一脉相承的,成为现代社会生活的批判和纠偏的力量。

除了缓解现代社会中个体的存在焦虑、缓解现代人的生存竞争之外,醉酒作为生命中的创造力之源,更有对抗技术时代中麻木涣散状态的力量。如韩炳哲所言:"生命力是一种复杂的现象,仅有积极面的生命是没有生命力的,因为消极对于保持生命力至关重要。"① 醉酒状态就是现代社会中这样一种保持消极的面相,是对积极状态下涣散的注意力的克服。醉酒状态实际上是一种身体和精神放松的方式,就是本雅明(Walter Benjamin)所说的"深度无聊"。一味的忙碌只是在流水线的重复,而不会产生创造性的成果,而深度无聊的状态则是精神放松的终极形式,是个体脱离时代流水线、建构生活意义的过程。

技术时代个体的生存焦虑还来源于人与世界的关系的改变,人与世界的疏离,人成为与世界分离的普遍存在物,成为抽象之物。安德斯说,人和动物的不同之处就在于二者与世界的关系,

---

① 韩炳哲:《爱欲之死》,第47页。

动物是适应生存环境、依存于环境、在世界之中,而人一方面固然在世界之中,但另一方面,由于人本身的创造性,他又有能力将世界对象化、使自身处于世界的对立面、与世界拉开距离,因而人与这个世界的关系是"陌生"的,拉开距离的,这种陌生性和距离是人之自由的前提。"世界的存在表明了人的位置,它同时表明了人在世界内与世界的对立性,它表明了人在世界中不依赖世界的自由。"① 人与世界的疏离导致了世界的对象化,这不仅是认识世界的前提,也是改造世界之实践的前提。安德斯说,正是从人与世界的分离关系出发,人不仅能够按照自己的目的去创造世界,而且还不断地改变他所创造的那个世界。由于自然世界所能提供的东西逐渐无法满足人的需求,所以人不得不通过技术创造一个新的、能满足人需求的世界。在此情形下,人对"现有的"世界并没有依赖性,人是唯一能告别和放弃世界的存在物。在技术时代,"无世界的人"已经成为普遍的现象,显示出其否定性的

---

① Konrad Paul Liessmann, *Günther Anders. Philosophieren im Zeitalter der technologischen Revolution*, C. H. Beck, 2002, S. 27. 转引自范捷平:《过时的人·中译本序》,载安德斯《过时的人》卷一,第13页。

五、当代生活中的醉酒

一面,它导致了人的自我欺骗,即人在自然和世界面前的盲目傲慢。而酒神精神自古以来就意味着人与世界、人与自然的和解。在醉酒状态下,诗性的态度让个体重新融入世界,让个体重新变得具体而鲜活。在工作时间,每个忙碌的个体都是抽象的"社畜",而在华灯初上的酒桌上推杯换盏,个体的情感和情绪得到充分的流露,与世界重新融合,重新成为"在世之在"。

当然,对于技术时代的理性人而言,醉酒无论作为精神放松形式还是批判的方式,都只是一种偶然性的间歇,清醒和醉酒成为日常生活中应当交替出现的状态。詹姆士所说的清醒状态的收缩,对应着"不",醉酒状态意味着舒张,意味着"是",描述的也是两种交替出现的状态,当代新现象学家赫尔曼·施密茨更进一步,把这二者的交替视为身体节奏之根本的"狭窄与宽广的对话"。

> 更一般的情况下,狭窄和宽广相互对抗、彼此激发。于是我把狭窄称为紧张,把宽广称为放松。这种状况下,狭窄和宽广都可能占主导,但也不排除双方保持均衡的状

> 况……至少达到一定强度的快感和焦虑是节奏性的……①

在现代性生活中，如果说日常的生存焦虑构成了身体和生命的狭窄一侧，那么醉酒的状态无疑属于宽广和快感的一侧。有了醉酒的衬托，清醒和理性的状态才更有深度，才有紧张与松弛之间的交替和对话，这样的人被欧阳修描述为"醉能同其乐，醒能述以文者"（《醉翁亭记》）。

2. 醉酒、时间与生活艺术

自古希腊开始，酒神也被称为"将来之神"，有面向未来的到达、到来之意。在欧里庇得斯（Euripides）的《酒神的伴侣》（Bacchae）中，悲剧的一开始狄奥尼索斯就宣告"到达"了底比斯。奥维德（Ovid）也在《变形记》中将罗马酒神巴库斯称为"到来之神"。谢林在他的《启示

---

① 施密茨：《身体与情感》，庞学铨、冯芳译，浙江大学出版社，2012年，第226页。

哲学》中也阐述了狄奥尼索斯的"将来性"。① 关于"将来之神"(Der kommende Gott)最著名的说法来自荷尔德林,他在《面包与酒》中用"将来之神"指称狄奥尼索斯:

  从那里到来并回指,那将来之神。

作为外邦神的狄奥尼索斯是奥林匹斯的异乡人,他在大地上游荡,解决争端、弥合分歧。荷尔德林所强调酒神的将来性,并非单指时间上的"未来",而是用诗意的"回指"(zurückdeuten)和"到来"(kommen)暗示狄奥尼索斯在"过去"(去过的地方)和"将来"之间的连续状态,即连续的时间之流。在这里我们可以读出一个含义,即醉酒意味着一种整体性的时间感。

时间是什么?这一直是人类思想史上的难题之一。对此奥古斯丁曾说道:"如果没有人问我,我是明白的;如果我想给问我的人解释,那么我就不明白了。"这位希波的教父曾以主体主义的方式解释时间,他把时间归结为记忆、注意和期

---

① 参看刘晗:《在与古希腊意识的对峙中获得自我》,《同济大学学报(社会科学版)》,2021 年 12 月,第 14—15 页。

望三种人类的心灵功能,开辟出一种与客观主义、物理主义不同的时间描述方式。与之相似地,莱布尼茨把客观时间定义为"瞬间的心灵"(mens momentanea)。及至现象学运动,胡塞尔和海德格尔都曾以不同于客观主义的方式描述时间,梅洛-庞蒂在《知觉现象学》中也主张时间的主体化理解,他说道:

> 客观世界过分充实,以致不能有时间。过去和将来自行从存在中退出并过渡到主体性那边,以便在那里不是寻找某种实在的支持,相反地是寻找与它们的本性相一致的一种非存在的可能性。①

这种对于时间的主体化理解,与从古希腊开始以酒神暗喻的整体的时间感有着高度的一致性。在古希腊和西方传统神话叙事中,"将来之神"狄奥尼索斯的"回指"和"到来"刻画了时间之流,时间不是外在于主体的客观存在,而是以酒神象征的一种整体性的连续经验,一种诗性的生命经验。这种经验不是以纯粹科学的方式或

---

① 梅洛-庞蒂:《知觉现象学》,杨大春译,商务印书馆,2021年。

五、当代生活中的醉酒

图60　尼古拉斯·普桑,《随时间的音乐起舞》,布上油画,1634—1636年,82.5 cm×104 cm,华莱士收藏馆,伦敦

画面上方,曙光女神奥罗拉(Aurora)驾着阿波罗的战车驶过天际,象征着一天的开始;右边,时间老人弹奏着里拉琴;左边的四个人物手牵手形成一个圆圈在跳舞。对于左边四个人的身份有着多种解读,他们可能象征着春夏秋冬四季,或者象征着贫穷、劳动、富有和奢侈的欢愉这四个人生进程。也有一种解读认为,背对着观众的年轻男子是酒神巴库斯,宙斯派遣巴库斯来帮助人类度过难熬的岁月。

理性的方式可以通达的,而是在以"醉酒"为象征的特殊心灵状态下呈现出来的。

从这个意义上看,我们可以说,醉酒的另外一层批判性意义在于对日常意义上客观时间的克服。在日常生活中,主体保持着理性的清醒状态,以对象化的方式理解时间。这种日常的客观时间是无差别的、匿名的和统计学意义上的、是与主体无关的,是可以被无限细分的。在纯粹量化的时间中,过去、现在和将来是可以完全分割开、且完全均质的(昨天的一小时、今天的一小时和明天的一小时是完全一样的),而非"将来之神"所暗喻的那种整体的时间经验。同时,客观时间对于主体而言,则意味着日复一日的按照一种众人接受的模式和习惯思考、行动,忽略个体差异、忽略独一性,个体的生命经验完全被抹去了。在这个意义上,作为"将来之神"的酒神带给我们的整体的时间感,可以赋予我们与现代生活中的客观时间经验完全不同的可能体验。酒和醉酒的经验不仅弥合了主体和客体,心灵和世界,个体与群体,而且也弥合了过去、现在和将来的时间划分,给予我们整全的生命感受,重新认识主体维度的时间。

五、当代生活中的醉酒

同时,在现代技术单向进步观的支配下,由于客观时间是永恒均质地往前延伸的,个体生存是不被考虑的,因此诸如死亡这样的个体事件就遭到了排斥。海德格尔称之为"沉沦",在我们的生存经验中我们以各种方式忽略死亡、排斥死亡,只有此在的"向死而生"才能恢复存在的本真状态,以克服这种单向进步的永恒技术时间。而醉酒尽管不像"死亡"那样对生存有着绝然的巨大压力,但同样是对沉沦的日常生活和技术时

图61　彼得·克莱茨（Pieter Claesz），《有头骨和羽毛笔的静物》，板上油画，1628年，24.1cm×35.9cm，大都会博物馆，纽约

间的挑战和背离,是一种回归个体生命的律动。它并不顺从日常中我们要面对的时间节奏和生存压力,与增量、增值、增长的压力无关,甚至要与不断增速的生活对抗,用一种身体状态捍卫个性。醉酒带给我们的是马尔库塞(Herbert Marcuse)所言的"感官的革命"或者"新的感官系统",狄奥尼索斯对于线性时间模式下的致力于无限增加的现代技术生活而言是毁灭性的。正是在这种背离和毁灭中,艺术式的创造性光辉得以展现,从这一点上看,醉酒才让我们回归个体生存的本真时间,构成另一种本真意义上"向死的力量"。而且,由于醉酒是可重复的,这种对抗可以被一再施行,构成一种对于技术生活的均衡力量而非彻底毁灭之。毕竟对于我们每个人而言,均衡而非死亡,才是对个体生命的肯定和积极追求,醉酒在这里体现出一种对于技术时代生活和线性时间的均衡功能,成为一种生活艺术。

当代生活的时间特性还突出地表现在其加速特征上。现代性的展开已经意味着关于时间结构显著改变的事实,就如《共产党宣言》所言,在资本主义社会"一切坚固的东西都烟消云散了"。这种改变在当代生活中,随着新技术的崛起变得更加极端,哈特穆特·罗萨(Hartmut Rosa)认为,我们正以系统性的方式不断加快我们的生活,位移的速度、信息传播的速度、工作的节奏都在不断提升,具体表现在科技加速、社会变迁加速和生活步调的加速。① 比如说,就职业的变化而言,在前现代,往往是数个世代才会实现职业的变化(子承父业是理所当然的),但今天,在个体一生内多次换工作、改变职业极为常见。甚至在生理习惯上也显示出这种加速的倾向,据研究,人类的睡眠时间呈不断减少的趋势,与19世纪相比,今天人类每天平均睡眠时间少了两个小时,与1970年相比,少了30分钟。在这个不断加速的社会中,"人们被逼迫着要不断追赶他们在社会世界与科技世界当中所感受到的变迁速度,以免失去任何有潜在联系价值的可能性,并保持竞争机会。"② ——这就是绩效社会的特征,这是一个上不封顶的社会,只有不断"内卷"才能跟上时代的步伐。这种加速的生存方式造成了赫尔曼·吕伯(Hermann Lübbe)所言的"当下

---

① 参看哈特穆特·罗萨:《新异化的诞生:社会加速批判理论大纲》,郑作彧译,上海人民出版社,2022年,第7—21页。
② 同上书,第41页。

时态的萎缩",当我们过于急切地面向未来、急于创新的时候,当我们不断地被未来的各种要求所湮没时,我们失去的则是相对稳定的当下的时间区间。

面对当代的加速社会,个体可以做出各种不同的反思和批判可能,其中醉酒经验无疑也是一个个体生活的节奏调节器。当我们把交流从电子

图62 雷诺阿,《游船上的午餐》,布上油画,1881年,129.9 cm×172.7 cm,菲利普收藏馆,华盛顿

五、当代生活中的醉酒

屏幕上换到酒桌上,从不断提速的信息交流换到身体在场的推杯换盏,我们能够感受到一种不同的时间感受,这是当下的舒展,是对于当代时间经验的均衡。只有在当下时态的舒展与均衡中,比如聚饮的情境中,罗萨意义上的"共鸣"(Resonanz)才能发生,这是实现"美好生活"的前提。"共鸣"是指主体与主体、主体与世界以各自的方式与对方进行呼应,并且在此过程中能够保持自己的声音,不被对方所占据和支配,[①] 在聚饮中能够各抒己见,彼此鸣唱。这是多元主义时代的理想生活图景。

酒神精神和醉酒对于当代时间经验的均衡功能和共鸣关系的实现,可以让我们将之看成是"生活艺术"的重要组成部分。尼采认为,我们经历过宗教时代、科学时代,未来是艺术时代,在艺术时代我们要将生活当作艺术来构建。哲学也应当被看作一种"生活艺术",在重视个体的生命经验、恢复生活意义、合乎存在、捍卫偶然性以及认同常识的方式下,生活艺术哲学旨在指导个体在技术时代优雅地生活、保持健全的人性

---

① Hartmut Rosa, *Resonanz: Eine Soziologie der Weltbeziehung*, Suhrkamp, 2016, S. 298.

以及建立与自然的和谐关系，保持整全鲜活的生命经验，实现理想的生活状态。这样一种哲学就不同于学院化的专业哲学，不同于循着理性主义的道路构建体系的传统哲学，而应当是实践化的、艺术化的、有突破体系的潜力。生活艺术哲学的这样一些尝试被称为"哲学实践"（Philosophie der Praxis），致力于为个体的心理迷失、精神压力提供帮助，应当为商品社会和高尚艺术的协调提供指导，应当为城市中产阶级提升生活品位、完善自我修养提供捷径，应当为教育和培养现代社会下的完善个体提供理论依据，为多元主义时代个体的价值选择提供协助。

在古代，作为生活艺术的哲学是哲学的基本形态，苏格拉底在会饮时的哲学对话，斯托亚派的禁欲苦行，毕达哥拉斯的神秘修炼，这些以人生的均衡状态为目标的哲学活动和人生智慧都是生活艺术的具体形式，更有一些哲学家把生活艺术等同于美德伦理学（Tugendethik），一门在具体生活中不断反思辩诘、以达到应然和实然之平衡的学问。总之，按照生活艺术的构想，哲学就不是从概念到概念的玄虚体系，而是具体生活中的意义构建和平衡力量。

五、当代生活中的醉酒

20世纪以来,现象学关于"生活世界"以及此在是"在世存在"的构想,是当代生活艺术哲学的重要思想根基。以一种全新的哲学眼光告诉我们何为世界:世界是以身体和体验的方式展开生活的过程并且以感官的方式去经验之物,个体生活于世界的关联之网中。而这个生活世界之网并非一蹴而就地被给予,它必须不断地被重新设计和编织,不断地融入其中生活,不断在具体生活经验中注入思想的力量。"生活世界蕴含了生活艺术的问题",它要求创造性,根底上需要生活艺术的创造活动。如果说当代的生活艺术哲学将哲学生活化、反哲学专业化的姿态是对古典哲学形态的一种重温,那么这种姿态与现象学哲学的古典气质恰好吻合。另一方面,现象学与生活艺术哲学都基于对现代科学技术的批判性反思,思考在技术时代个体如何更好地生活。现象学家的技术批判并非主张彻底地摈弃技术,而是在接受生活常识的基础上警惕技术的僭越,这种温和的批判立场与在生活艺术哲学中的技术批判背后总体上的乐观态度吻合:现代人无须一味地忧虑和拒斥科学,我们要做的只是通过补偿达到生活的均衡。

而无论是生活艺术哲学的古典意味和现象学

基础，还是技术批判的姿态，都与酒神精神和醉酒有着千丝万缕的联系。酒神精神是古希腊思想世界的重要组成部分，无论是狄奥尼索斯的神话，还是厄琉息斯秘仪上的迷狂，还是雅典会饮上关于酒神与爱神的讨论，都展现了古希腊的精神世界中酒神的烙印。而以现象学的眼光看，醉酒意识引发的主体意识的绽出和共主体经验的提升，以聚饮为例谈到的人与自然的本有事件，乃至陶醉与"氛围"对于艺术的意义，都对一种生活实践的现象学有所助益。最后就技术批判的角度而言，醉酒对于个体在技术世界中的生存状况的均衡，还有醉酒经验对于日常客观时间经验的克服，都体现了其独特的价值。

在这个过于理性和技术化的时代，我们要借助于醉酒重新构建我们整全的生命经验和生活意义，借助于醉酒实现主体与客体、实然与应然之间的均衡，借助于醉酒回归到最为本真的生命状态，达到生活中无所畏惧的豁达坦诚。在这个意义上，我们可以模仿巴塔耶（Georges Bataille）的句式以这句略显夸张的游戏语句来结束本文：

  所谓醉酒，可以说是对生命的肯定，至死方休。

后　记

酒是一种伴随着人类历史演进的独特物质，醉酒能够改变人的精神状态，引发超越性的想象，短期或长期地改变生存方式。在柏拉图、尼采、马克思、詹姆士等人那里，酒是极具启发性的思想话题，同时醉酒意识也是一个现象学描述的有趣对象。在中国传统中，从《礼记》到《论语》，到唐诗宋词明清小说，酒和醉酒也是一个不可或缺的话题。这本小书想要从"醉酒"这个角度入手，梳理和探讨古今中外的这些论述，并发掘背后的思想意义。

本书的最初由来，是我准备参加华东师范大学贡华南教授组织的"酒与哲学"的会议，写了一篇《醉酒现象学》的游戏文章，但是那一年因疫情会议推迟。正好孙周兴教授在《贵州大学学报》组了一批关于酒文化的稿子，我就把小文给了《贵大学报》。文章刊出后小有影响，点击量很高，北大出版社的王立刚先生就跟我联系，建议我把文章扩写成一本小书出版。

从2019年开始的新冠疫情深刻地改变了我们的生活，我们的生活从一台精确高效运转的机器，突然变得不可把控，人与人之间的距离也不得不拉开。各种会议和旅行计划被取消，工作日程表出现了空白。在某些特殊的时段，我们还不得不被禁足在住所里。这些生活的变故在何种程度上会在更长的周期内改变人类生存状况，现在还不得而知。但是对于个人而言，因为防控政策造成的空档时间恰好是慢下来思考的时间。展望后疫情时代，我们大概会更加珍惜每一次聚饮的机会，也会在全身心拼绩效的同时更多反思意义问题，"醉的哲学"恰好提供了一种社会主流规范之外的思想可能性。

把一万字的论文扩写成五万字的书稿并不像想象中那么容易，尤其是这样一个特定题材的写作，需要寻找更多的材料。初稿写完后，王立刚先生提了一些修改的建议，我最大程度上接受并做了修改，又增写了一万多字。期间北大出版社的李澍女士接手了书稿，又提出了很多具体的建议，并对文稿做了极为细致的校对修订，最终呈现出目前的样态，特别要对二位编辑和审读过书稿的朋友表示感谢。

最后还要特别说明的是，尽管我一本正经地写了这本小书，但总体上它还是一篇游戏文章。王立刚先生的建议中有一条曾说，出于论述的全面性考虑，书中对于醉酒的正面论述太多，是不是要适当加一些对消极面相的讨论，以便"持平"。这一点我在修改中未全盘接受，"醉酒"的消极面相是人所共知之事，醉后失言失范随处可见，醉酒影响健康也属常识，本书中未有论述，并不意味着作者否定这些常识，如果专写一书太多着墨于饮酒的危害，未免无趣，也不是我的专长，本书要做的是以"醉酒"为引子进行哲学思考，体现独特有趣的思想角度，绝非是要提倡饮酒、醉酒或酗酒。在生活中，适量饮酒，健康节制才是人生正道，这也是我太太经常告诫我的，记在这里，作为本书真正的结尾。

2022 年 8 月于浙大紫金港

图63 佚名,《柳荫高士图》,绢本设色,宋,65.4 cm×40.2 cm,台北故宫博物院,台北

图书在版编目(CIP)数据

醉的哲学/王俊著. —北京:北京大学出版社,2023.8
ISBN 978-7-301-34143-8

Ⅰ. ①醉… Ⅱ. ①王… Ⅲ. ①酒—关系—意识—通俗读物 Ⅳ. ①B842.7-49

中国国家版本馆 CIP 数据核字(2023)第 110570 号

书　　　名	醉的哲学 ZUI DE ZHEXUE
著作责任者	王俊 著
责 任 编 辑	王立刚　李澍
标 准 书 号	ISBN 978-7-301-34143-8
出 版 发 行	北京大学出版社
地　　　址	北京市海淀区成府路 205 号　100871
网　　　址	http://www.pup.cn
电 子 信 箱	zpup@pup.cn
新 浪 微 博	@北京大学出版社
电　　　话	邮购部 010-62752015　发行部 010-62750672 编辑部 010-62753154
印 刷 者	北京九天鸿程印刷有限责任公司
经 销 者	新华书店 880 毫米×1230 毫米　32 开本　7 印张　113 千字 2023 年 8 月第 1 版　2024 年 6 月第 2 次印刷
定　　　价	69.00 元

未经许可,不得以任何方式复制或抄袭本书之部分或全部内容。
版权所有,侵权必究
举报电话: 010-62752024　电子信箱: fd@pup.cn
图书如有印装质量问题,请与出版部联系,电话: 010-62756370